新编21世纪高等职业教育精品教材
电子与信息类

分布式数据库HBase

主　编◎王　瑞　朵云峰　许桂秋
副主编◎刘发稳　方　芳　张永建
张　军　韩金瓶　杨　曦
尹光辉　刘　磊

中国人民大学出版社
·北京·

图书在版编目（CIP）数据

分布式数据库 HBase / 王瑞，朵云峰，许桂秋主编. 北京：中国人民大学出版社，2025. 1. --（新编 21 世纪高等职业教育精品教材）. -- ISBN 978-7-300-33503-2

Ⅰ. TP311. 133. 1

中国国家版本馆 CIP 数据核字第 2025YA1021 号

新编 21 世纪高等职业教育精品教材 · 电子与信息类

分布式数据库 HBase

主　编　王　瑞　朵云峰　许桂秋

副主编　刘发稳　方　芳　张永建　张　军　韩金瓶　杨　曦　尹光辉　刘　磊

Fenbushi Shujuku HBase

出版发行	中国人民大学出版社		
社　　址	北京中关村大街 31 号	**邮政编码**	100080
电　　话	010－62511242（总编室）		010－62511770（质管部）
	010－82501766（邮购部）		010－62514148（门市部）
	010－62515195（发行公司）		010－62515275（盗版举报）
网　　址	http://www.crup.com.cn		
经　　销	新华书店		
印　　刷	中煤（北京）印务有限公司		
开　　本	787 mm × 1092 mm　1/16	**版　　次**	2025 年 1 月第 1 版
印　　张	11.75	**印　　次**	2025 年 1 月第 1 次印刷
字　　数	227 000	**定　　价**	49.00 元

前言

党的二十大报告指出，教育、科技、人才是全面建设社会主义现代化国家的基础性、战略性支撑。教育是国之大计、党之大计。职业教育是我国教育体系的重要组成部分，肩负着“为党育人、为国育才”的神圣使命。本教材以习近平新时代中国特色社会主义思想为指导，深入贯彻落实党的二十大精神，将思想道德建设与专业素质培养融为一体，着力培养爱党爱国、敬业奉献，具有工匠精神的高素质技能人才。

随着大数据技术的不断发展，HBase 作为 Hadoop 生态系统中的重要组件，越来越受到广大开发者的关注。为了满足高职院校学生对 HBase 学习的需求，我们编写了这本教材，旨在帮助学生快速入门并掌握 HBase 的核心知识。本教材依据职业教育特点，从基础知识讲起，逐步深入到实践应用环节，通过系统地介绍 HBase 的安装配置、数据模型、表操作、过滤器及性能优化等知识，帮助学生全面了解 HBase 的原理和应用。通过对本教材的学习，学生将具备使用 HBase 进行数据存储和处理的基本技能，为后续深入学习大数据相关课程打下坚实的基础。

本教材共有 8 个单元，包括数据库概述、HBase 简介与安装、HBase 原理与架构、HBase Shell、HBase API、HBase 模式设计与优化、MapReduce on HBase、HBase 综合实战。作为立体化教材，本教材配备了微课视频、PPT 课件、工具包、工程代码包等资源，可有效满足职业院校学生多样化的学习需求。

具体编写分工如下：许桂秋负责分析岗位典型工作任务；刘发稳负责编写单元 1 和单元 7；方芳负责编写单元 2 和单元 3；王瑞负责统稿并编写单元 4、单元 5；朵云峰负责编写单元 6；刘发稳、张军及韩金瓶共同编写单元 8。所有编者均参与信息化资源的制作。

本教材可作为高职高专院校大数据技术专业的教学用书，也可作为大数据开发、数据库管理等相关岗位人员的自学参考用书。

由于时间仓促，加之编者水平有限，教材中难免存在疏漏之处，恳请广大读者批评指正。

编者

目录

单元 1

数据库概述

学习导读

数据管理经历了人工管理、文件系统、数据库系统3个阶段。在人工管理阶段和文件系统阶段，数据的共享性差、冗余度较高，数据库系统的出现解决了这两方面的问题。随着互联网技术的发展，数据库系统管理的数据及其应用环境发生了很大的变化，主要表现为应用领域越来越广泛，数据种类越来越多样，而且数据量剧增。在大数据时代背景下，传统的关系型数据库已无法满足用户需求，分布式数据库应运而生。

本单元首先介绍数据库的基本概念，然后分析关系型数据库在数据存储和管理上存在的问题，在此基础上引出分布式数据库，并重点介绍HBase，最后将关系型数据库与分布式数据库的技术特点做对比，分析分布式数据库处理数据的优势。

素养提升

党的二十大报告指出，“建设现代化产业体系。坚持把发展经济的着力点放在实体经济上，推进新型工业化，加快建设制造强国、质量强国、航天强国、交通强国、网络强国、数字中国。”我国数字经济发展增速极快、辐射范围极广，规模不断壮大，信息便民惠民加速普及，数字治理格局日益完善，已覆盖到人民生活的方方面面。以网络购物、共享经济、移动支付为代表，数字经济已全面进入人民日常生活。数据库管理对于数字经济的健康发展起着至关重要的作用，可以推动数字经济的创新和发展，实现更高效的资源配置。

学习目标

（1）能够理解数据库、数据库管理系统的概念以及它们之间的关系。

（2）了解关系型数据库与分布式数据库的技术特点，并能够进行对比分析。

（3）能够清晰描述分布式系统设计理论和BASE理论，以及分布式数据库的发展过程。

1.1 数据库系统

1.1.1 数据库系统的基本概念

数据库技术是研究数据库的结构、存储、设计、管理和使用的一门科学。数据库系统（Database System，DBS）是采用数据库技术的计算机系统，它是由计算机硬件、软件和数据资源组成的系统，能实现有组织地、动态地存储大量关联数据，并方便多用户访问。数据库系统由用户、数据库应用程序、数据库管理系统（Database Management System，DBMS）和数据库（Database，DB）组成，如图 1－1 所示。

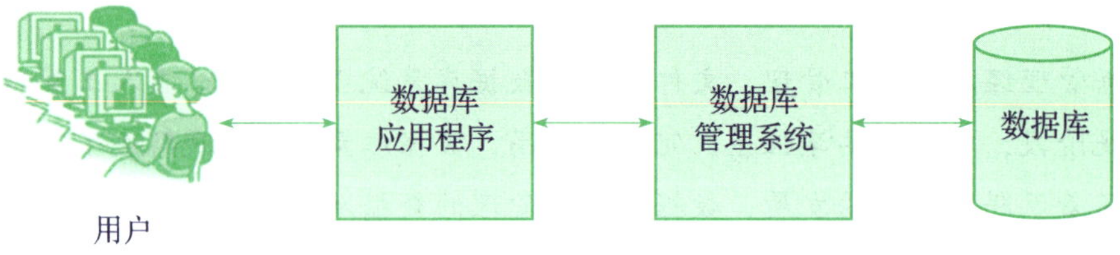

图 1－1　数据库系统

1. 数据库

数据库是长期存储在计算机内的、有组织的、统一管理的、可以表现为多种形式的、可共享的数据集合。这里“共享”是指数据库中的数据，可为多个不同的用户、使用多种不同的语言、出于不同的目的而同时存取，甚至同一数据也可以同时存取；“集合”是指某特定应用环境中的各种应用的数据及其之间的联系全部集中按照一定的结构形式进行存储。由此可知，数据库中的数据按一定的数据模型组织、描述和存储，具有较小的冗余度、较高的数据独立性和易扩展性，并可被各种用户共享。

在数据库技术中，用数据模型（Data Model）的概念描述数据库的结构和语义，对现实世界的数据进行抽象。数据库根据不同的逻辑模型可分成 3 种：层次型数据库、网状型数据库和关系型数据库。

（1）层次型数据库。

早期的数据库多采用层次型数据模型，称为层次型数据库，如图 1－2 所示，它用树形（层次）结构表示实体类型及实体间的联系。在树形结构中，数据按自然的层次关系组织起来，以反映数据之间的隶属关系，树中的节点是记录类型，每个非根节点都只有一个父节点，而父节点可同时拥有多个子节点，父节点和子节点是 1 ∶ N 的联系。正因为层次型数据模型的构造简单，在多数实际问题中，数据间关系如果简单地通过树形结构表示，则会造成数据冗余度过高，所以层次型数据模型逐渐被淘汰。

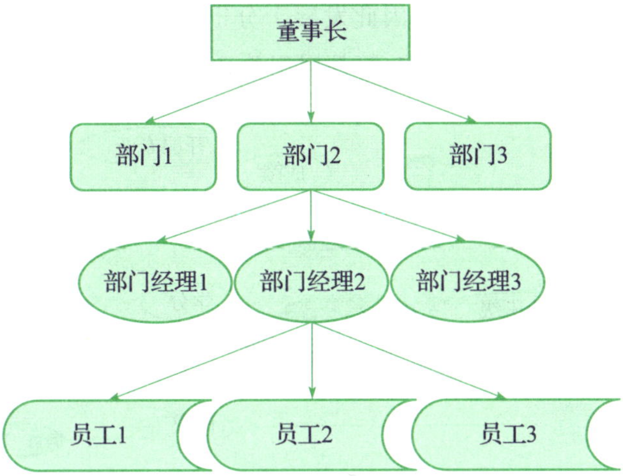

图 1－2　层次型数据库

（2）网状型数据库。

采用网状型数据模型的数据库，称为网状型数据库。网状型数据库通过网络结构表示数据间联系，如图 1－3 所示。图中的节点代表数据记录，连线描述不同节点数据间的联系。这种数据模型的基本特征：一是节点数据之间没有明确的从属关系，一个节点可与其他多个节点建立联系，即节点之间的联系是任意的；二是任何两个节点之间都能发生联系，可表示多对多的关系。

在网状型数据模型中，数据节点之间的关系比较复杂，而且随着应用范围的扩展，数据库的结构变得越来越复杂，不利于用户掌握。

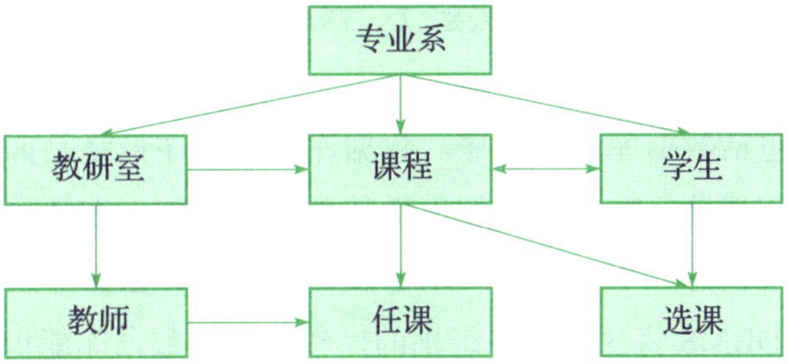

图 1－3　网状型数据库

（3）关系型数据库。

关系型数据模型开发较晚。1970 年，IBM 公司的研究员提出了关系型数据模型的概念，奠定了关系型数据模型的理论基础。关系型数据模型是通过满足一定条件的二维表格来表示实体集合以及数据间联系的一种模型。如图 1－4 所示的模型为学生选课的关系型数据库，学生、课程和教师是实体集合，选课和任课是实体间的联系，实体和实体间的联系均通过二维表格来描述。关系型数据模型具有坚实的数学基础与理论基础，使用灵活方便，适用面广，因此发展十分迅速。目前流行的一些数据库系统，如 Oracle、Sybase、Ingress、MySQL 等都属于关系型数据库。

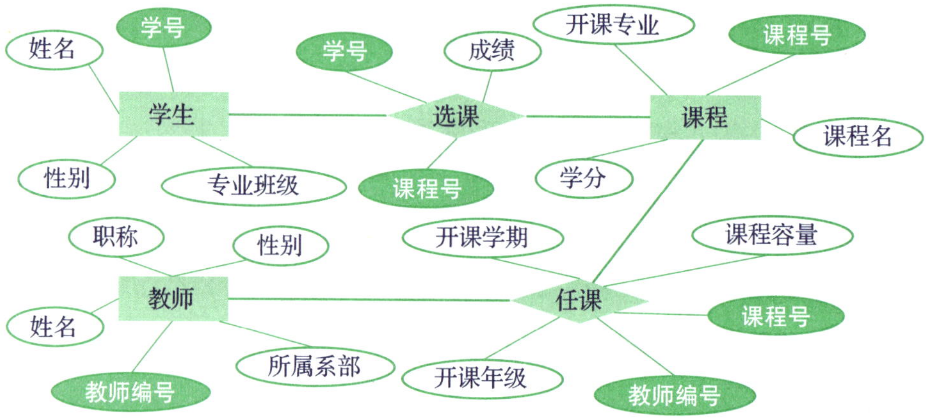

图 1-4　关系型数据库

2. 数据库管理系统

数据库管理系统（DBMS）是一种操纵和管理数据库的大型软件，用于建立、使用和维护数据库。DBMS 是一个庞大且复杂的产品，几乎都是由软件供应商授权提供的，如 Oracle 公司的 Oracle 和 MySQL、IBM 公司的 DB2、Microsoft 公司的 Access 和 SQL Server，这些 DBMS 占据了大部分市场份额。DBMS 对数据库进行统一管理和控制，以保证数据库的安全性和完整性。用户通过 DBMS 访问数据库中的数据，数据库管理员也通过 DBMS 进行数据库的维护。DBMS 允许多个应用程序或多个用户使用不同的方法，在同一时刻或不同时刻去建立、修改和访问数据库。

3. 数据库应用程序

数据库系统还包括数据库应用程序。数据库应用程序最终是面向用户的，用户可以通过数据库应用程序输入和处理数据库中的数据。例如，在学校选课系统中，管理员用户可以创建课程信息，学生用户可以修改课程信息，数据库应用程序将这些操作提交给 DBMS，由 DBMS 将这种用户级别的操作转化成数据库能识别的数据库模式定义语言（Data Definition Language，DDL）。

数据库应用程序还能够处理用户的查询，例如，在学校选课系统中，学生要查询星期一有哪些课程，数据库应用程序便会生成一个课程查询请求并发送给 DBMS，DBMS 从数据库中查询，然后将结果格式化后返回给用户。

1.1.2　关系型数据库

关系型数据库是建立在关系型数据模型基础上的数据库，借助集合代数等数学概念和方法来处理数据库中的数据。现实世界中的各种实体以及实体之间的各种联系均可用关系模型来表示，市场上占很大份额的 Oracle、MySQL、DB2 等都是面向关系模型的 DBMS。

关系型数据库起源于 20 世纪 70 年代，其最基本的功能有两个：一是把数据存下来；二是满足用户对数据的计算需求。在数据库发展的早期阶段，这两个需求其实不难满足，有很多优秀的商业数据库产品供人们选用，如 Oracle、DB2。1990 年之后出现了开源数据库 MySQL 和 PostgreSQL，这些数据库不断地提升单机性能，再加上遵循摩尔定律的硬件提升速度，可以很好地支撑各领域的发展。

1. 关系型数据库的基本概念

在关系型数据库中，实体以及实体间的联系均由单一的结构类型来表示，这种逻辑结构是一张二维表。基于图 1－4 所示的学生选课的关系型数据库，实体和实体间的联系在数据库中的逻辑结构如图 1－5 所示。

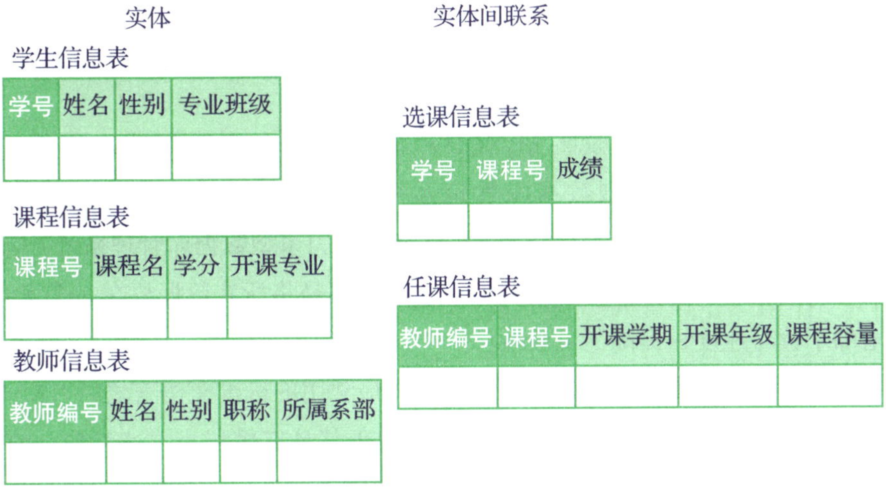

图 1－5　学生选课系统数据库逻辑结构

关系型数据库以行和列的形式存储数据，这些行和列称为表，一组表便可组成数据库。

（1）二维表：二维表也称为关系，它是一系列二维数组的集合，用来代表与存储数据对象之间的关系。它由纵向的列和横向的行组成。

（2）行：行也称元组或记录，在表中是一条横向的数据集合，代表一个实体。

（3）列：列也称字段或属性，在表中是一条纵向的数据集合。列也定义了表中的数据结构。

（4）主属性：关系中的某一属性组，若它们的值唯一地标识一个记录，则称该属性组为主属性或主键。主属性可以是一个属性，也可以由多个属性共同组成。如图 1－5 所示，“学号”是“学生信息表”的主属性，但在“选课信息表”中，“学号”和

“课程号”共同唯一地标识了一条记录，所以说“学号”和“课程号”一起组成了“选课信息表”的主属性。

2. 关系型数据库的优点

关系型数据库已经发展了数十年，其理论知识、相关技术和产品都趋于完善，是目前世界上应用最广泛的数据库系统之一，其优点如下：

（1）容易理解：二维表结构非常贴近逻辑世界的概念，关系型数据模型相对层次型数据模型和网状型数据模型来说更容易理解。

（2）使用方便：通用的 SQL（Structured Query Language，具有数据操纵和数据定义等功能的数据库语言）便于用户操作关系型数据库。

（3）易于维护：其丰富性和完整性使数据冗余和数据不一致问题大大减少。关系型数据库提供对事务的支持，能保证系统中的事务的正确执行，同时提供事务的恢复、回滚、并发控制和死锁问题的解决。

3. 常见的关系型数据库

（1）MySQL。

瑞典 MySQL AB 公司研发的 MySQL 数据库是一个关系型数据库管理系统。MySQL 是目前流行的关系型数据库管理系统，在 Web 领域里，MySQL 是最好的 RDBMS（Relational Database Management System，关系型数据库管理系统）应用软件之一。关系型数据库将数据保存在不同的表中，而不是将所有数据放在一个大仓库内，这大大增加了读写速度、提高了灵活性。

MySQL 所使用的 SQL 语言是访问数据库的最常用的标准化语言之一。MySQL 软件采用了双授权政策，分为社区版和商业版，由于其具有体积小、速度快、使用成本低，尤其是开放源代码的特点，因此一般中小型网站的开发都选择 MySQL 作为网站数据库。

（2）SQL Server。

SQL Server 是美国 Microsoft 公司推出的一种关系型数据库系统。它是一个可扩展的、高性能的、为分布式客户机/服务器计算所设计的数据库管理系统，实现了与 Windows NT 的有机结合，提供了基于事务的企业级信息管理系统方案。

（3）Oracle。

Oracle Database，又名 Oracle RDBMS，或简称 Oracle，是甲骨文公司推出的一款关系型数据库管理系统。Oracle 数据库系统是一种效率高的、可靠性好的、适应高吞吐量的数据库方案，在数据库领域一直处于领先地位。Oracle 从 12c（c 代表 cloud，云）之后的版本都是云设计的，引入了一个新的多承租方架构，使用该架构可轻松部署和管理数据库云。

4. 关系型数据库的性能瓶颈

随着互联网的不断普及和发展，特别是移动互联网的兴起，数据规模呈爆炸式增长，单机数据库越来越难以满足用户的需求。

在此形势下，关系型数据库的不足便显现出来。

（1）高并发读写能力差：网站类用户的并发性访问非常高，而一台数据库的最大连接数有限，且硬盘 I/O 有限，不能满足很多人同时连接。

（2）对海量数据的读写效率低：若表中数据量太大，则每次的读写速率都将非常缓慢。

（3）扩展性差：在一般的关系型数据库系统中，通过升级数据库服务器的硬件配置可提高数据处理的能力，即纵向扩展。但纵向扩展终会达到硬件性能的瓶颈，无法应对互联网数据爆炸式增长的需求。还有一种扩展方式是横向扩展，即采用多台计算机组成集群，共同完成对数据的存储、管理和处理。这种横向扩展的集群对数据进行分散存储和统一管理，可满足对海量数据的存储和处理的需求。但是关系型数据库具有数据模型、完整性约束和事务的强一致性等特点，导致其难以实现高效率的、易横向扩展的分布式架构。

1.2 分布式存储系统

2005 年左右，人们开始探索分布式数据库，掀起了分布式存储的浪潮。首要解决的问题是单机上无法保存全部数据，其中以 HBase/Cassadra/MongoDB 为代表。为了实现容量的水平扩展，这些数据库往往要放弃事务，或者是只提供简单的 KV 接口。存储模型的简化为存储系统的开发带来了便利，但是降低了对业务的支撑。

1.2.1 分布式存储系统的概念和组成部分

1. 分布式存储系统的概念

分布式存储系统是指将数据分散存储在多个节点上，通过网络连接实现数据的共享和访问的一种存储方式。它可以提高数据的可靠性和可扩展性，同时也可以提高数据的访问速度和并发性。分布式存储系统在应对海量数据的储存和访问上有着不可替代的作用。与传统的集中式存储系统相比，分布式存储系统具有高可靠性、高可扩展性、高吞吐量等优势，可以应对大规模数据的储存和访问需求。

2. 分布式存储系统的组成部分

分布式存储系统由多台计算机组成，包括服务节点和存储节点。服务节点负责管理整个系统的运行，包括文件的储存、索引和访问等。存储节点则负责实际储存文件，并根据服务节点的指示，完成文件的传输和访问。为了实现高可靠性和高可扩展性，分布式存储系统通常具有多份备份机制，即将同一份文件储存在多台计算机上。

1.2.2 分布式存储系统的实现方式

分布式存储系统的实现方式通常包括两种：共享存储和分布式存储。共享存储方式是指所有的存储节点共享同一份数据，通过硬件和软件技术实现多节点共享文件的访问。分布式存储方式是指将整个分布式存储系统分割成多个部分，并将不同的数据储存在不同的节点上，通过网络连接，实现各个节点的数据的交互，达到文件的储存和访问的目的。

1.2.3 分布式存储系统的实现

分布式存储系统包括分布式文件系统、分布式键值系统、分布式表格系统、分布式数据库等不同类型。其中，分布式文件系统主要用于大规模文件的存储和管理，分布式键值系统主要用于键值对的存储和查询，分布式表格系统主要用于结构化数据的存储和查询，分布式数据库则是将传统的关系型数据库进行分布式实现的一种存储方式。在分布式存储系统中，一致性是一个非常重要的问题，因为多个副本之间的数据一致性是整个分布式存储系统的理论核心。

下面重点介绍分布式文件系统的实现和分布式数据库的实现。

1. 分布式文件系统的实现

分布式文件系统是分布式存储系统的核心。通过将文件分割成多份，并将这些文件储存在不同的节点上，实现文件的高可靠性和高可扩展性。分布式文件系统的实现通常采用分块存储和储存元数据的方式。分块存储是指将文件分成多个块，然后存储到不同的节点上。这样做的优点是可以并行地传输和处理块，同时也方便进行数据的备份。储存元数据是指将文件的元数据，如文件名、类型、大小、创建时间、修改时间等信息储存在特殊的节点上，以实现文件的访问和索引。目前，应用广泛的分布式文件系统主要包括 GFS（Google 文件系统）和 HDFS（Hadoop 分布式文件系统），HDFS 是 GFS 的开源实现。

2. 分布式数据库的实现

分布式数据库是应对大数据储存和访问需求的一种有效方式。它可以将数据库分割成不同的子数据库，分别储存在不同的节点上，并通过网络连接实现数据的查询和更新。分布式数据库的实现通常采用水平切分和垂直切分两种方式。水平切分是指将数据库表中的数据按照某种规则进行分割，分割后的每个子表都储存在不同的节点上，实现数据的横向分布，提高数据库的读写性能。垂直切分则是按功能将数据库表分成不同的子表，每个子表包含不同的字段。这样可以将数据分散到不同的节点上，并提高查询效率。

1.3 分布式数据库

1.3.1 分布式数据库概述

大数据需要通过分布式的集群方式来解决存储和访问的问题。以下将从分布式的角度来介绍数据库的数据管理。分布式系统的核心理念是让多台服务器协同工作，完成单台服务器无法处理的任务，尤其是高并发或者大数据量的任务。分布式数据库是数据库技术与网络技术相结合的产物，它通过网络技术将物理上分开的数据库连接在一起，进行逻辑层面上的集中管理。在分布式数据库系统中，一个应用程序可以对数据库进行透明操作，数据库中的数据分别存储在不同的局部数据库中，由不同机器上不同的 DBMS 进行管理。分布式数据库的体系结构如图 1－6 所示。

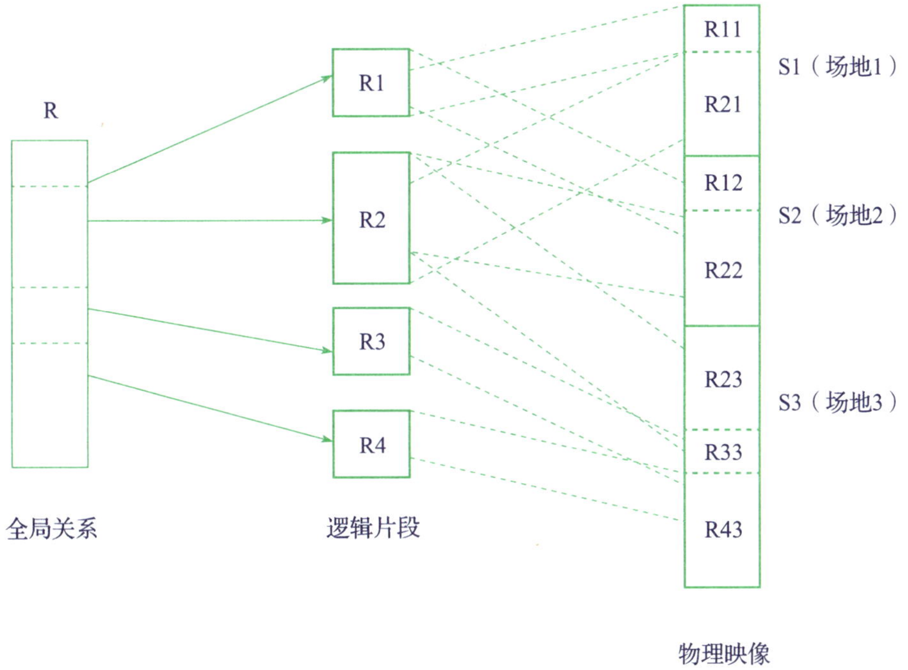

图 1－6　分布式数据库的体系结构

1.3.2 分布式数据库数据管理

分布式数据处理使用分而治之的办法来解决大规模数据管理问题，基本特点如下：

1. 分布的透明管理

在分布式系统中，数据不是存储在一个场地上，而是存储在计算机网络的多个场地上，但逻辑上是一个整体，它们被所有用户共享，并由一个 DBMS 统一管理。用户访问数据时无须指出数据存放在哪里，也不需要知道由分布式系统中的哪台服务器来完成。

2. 复制数据的透明管理

分布式数据的复制有助于提高系统性能，更易于协调不同而又冲突的用户需求。同时，当某台服务器出现故障时，此服务器上的数据在其他服务器上还有备份，提高了系统的可用性。这种多副本的方式对用户来说是透明的，即用户不需要知道副本的存在，由系统统一管理、协调副本的调用。

3. 事务的可靠性

分布式数据处理具有重复的构成，因此消除了单点故障的问题，即系统中一个或多个服务器发送故障不会使整个系统瘫痪，从而提高了系统的可靠性。在分布式系统中，事务是并发的，即不同用户可能在同一时间对同一数据源进行访问，这就要求系统支持分布式的并发控制，保证系统中数据的一致性。

分布式系统可以解决海量数据的存储和访问，但是在分布式环境下，数据库会遇到更为复杂的问题，举例如下：

（1）数据在分布式环境下以多副本方式进行存储，那么，在为用户提供数据访问时如何选择一个副本，或者用户修改了某一副本的数据后，如何让系统中每个副本都得到更新。

（2）如果在更新系统所有副本信息时，某个服务器由于网络或软硬件功能出现问题导致故障，如何确保在故障消除时，此服务器上的副本与其他副本一致。

1.3.3 分布式数据库分类

分布式数据库并没有统一的模型，常见的分布式数据库包括列族数据库、文档数据库、键值数据库和图形数据库，其具体分类和特点见表 1－1。

表 1－1 分布式数据库的分类和特点

分类	相关产品	应用场景	数据模型	优点	缺点
列族数据库	Bigtable、HBase、Cassandra	分布式数据存储与管理	列族式存储，将同一列数据存储在一起	可扩展性强，查找速度快，复杂性低	功能局限，不支持事务的强一致性
文档数据库	MongoDB、CouchDB、	Web 应用，存储面向文档或类似半结构化的数据	<key,value> value 是 JSON 结构的文档	数据结构灵活，可以根据 value 构建索引	缺乏统一查询语法
键值数据库	Redis、Memcached、Riak	内容缓存，如会话、配置文件、参数等；频繁读写、拥有简单数据模型的应用	<key,value> 键值对，通过散列表来实现	扩展性好，灵活性好，大量操作时性能高	数据无结构化，通常只被当作字符串或者二进制数据，只能通过键来查询值
图形数据库	Neo4j、InfoGrid	社交网络、推荐系统，专注构建关系图谱	图结构	支持复杂的图形算法	复杂性高，只能支持一定的数据规模

分布式数据库并没有一个统一的架构，不同的分布式数据库之间的差异程度也不同。因为各种分布式数据库各有所长，不同的分布式数据库适用的场景也有所不同，所以在实际应用中，要根据项目的需求，找最优方案，进行分布式数据库选型。

1. 列族数据库

列族数据库通常用来应对分布式存储的海量数据，键仍然存在，但是指向了多个列。如图 1－7 所示，列族数据库表中的每一行都有关键字 Row Key，并由多个列族组成，即 Super Column Family 里面的 Super Column 1 和 Super Column 2，而每个列族由多个列组成。

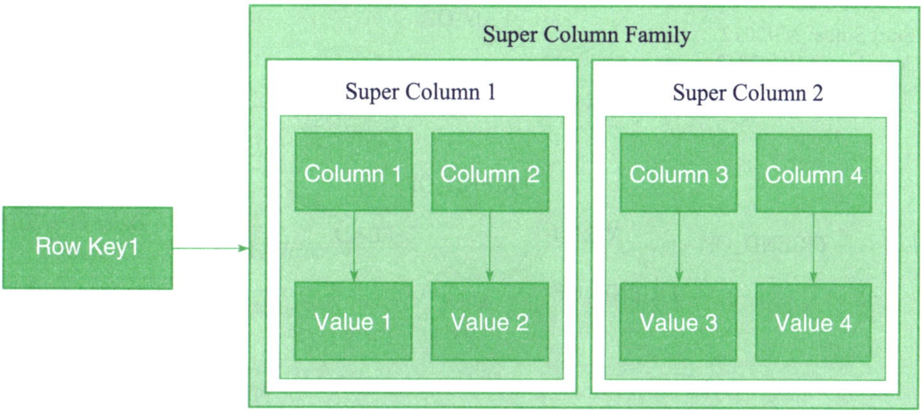

图 1－7　列族数据库

2. 文档数据库

文档数据库的创建灵感来自 Lotus Notes 办公软件，它与键值数据库类似。该类型的数据模型是版本化的文档，文档以特定的格式存储，如 JSON。文档数据库可以看作键值数据库的升级版，它允许键值之间进行嵌套，如图 1－8 所示。文档数据库比键值数据库的查询效率更高，因为文档数据库不仅可以根据键创建索引，还可以根据文档内容创建索引。

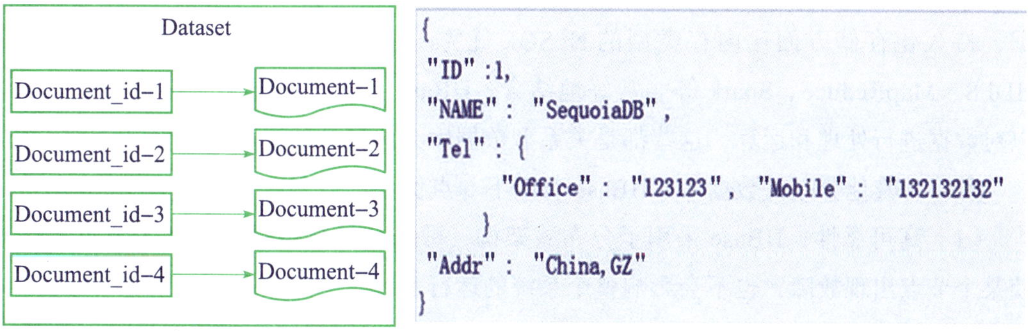

图 1－8　文档数据库

3. 键值数据库

键值数据库会使用一个散列表，这个表中有一个特定的键和一个指针指向特定的数据。键值模型对于 IT 系统来说，其优势在于简单、易部署。键值数据库可以按照键对数据进行定位，还可以通过对键的排序和分区，实现更快速的数据定位。

4. 图形数据库

图形数据库来源于图论中的拓扑学，以节点、边及节点之间的关系来存储复杂网络中的数据，如图 1－9 所示。这种拓扑结构类似 E-R 图，但是在 E-R 图中，关系描述的是一种结构；在图形模式中，关系和节点本身就是数据。

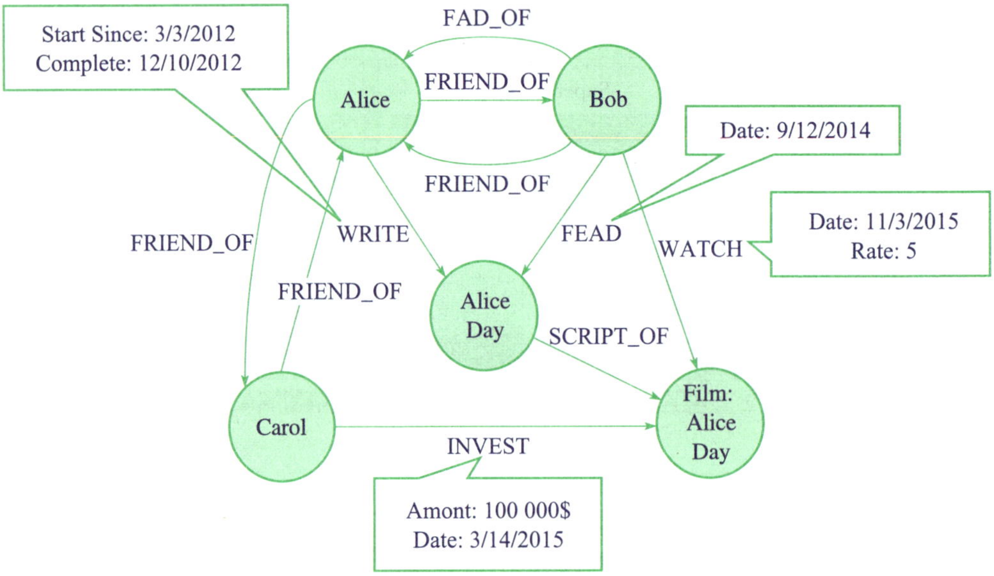

图 1－9　图形数据库

1.3.4　HBase 的优势

HBase 是一种基于 Hadoop 的分布式 NoSQL 数据库，它不支持完整的事务性，仅支持基于 Row Key 的索引，在性能上不如 Memcached 和 Redis，但是在处理海量数据、持久化存储方面比内存类型的 NoSQL 优秀。HBase 基于 Hadoop 实现，可以和 HDFS、MapReduce、Spark 等非常好地结合。HBase 不仅可以方便地存储数据，还可以对数据进行处理和运算，这些都是关系型数据库无法比拟的。

相对于其他分布式数据库，HBase 有以下 5 点优势：

（1）高可靠性：HBase 采用了分布式架构，数据会被分散存储在多个节点上，即使某个节点出现故障，也不会影响整个系统的运行。

（2）高扩展性：HBase 可以通过添加新的节点来扩展系统的容量和性能，而且扩展过程中不会影响系统的正常运行。

（3）高性能：HBase 采用了列式存储结构，可以快速地进行数据查询和检索，而且支持高并发的读写操作。

（4）灵活性：HBase 支持动态添加和删除列族，可以根据实际需求灵活设计数据模型。

（5）易于管理：HBase 提供了 Web UI 和 Shell 等管理工具，可以方便地进行数据管理和监控。

1.4 分布式数据库与关系型数据库的差别

1.4.1 存储方式

分布式数据库将数据分散存储在多台独立的计算机上，而关系型数据库将数据集中存储在一台计算机上。传统的关系型数据库采用二维表储存模式，以行和列的方式进行存储。分布式数据库通常以数据集的方式，将大量数据集中存储在一起，类似键值对、图结构或者文档。

1.4.2 扩展方式

扩展性是指系统能否支持新的节点加入或者节点失效的情况。基于 NoSQL 的分布式数据库通常比较容易实现扩展，因为它们采用了水平分片的方式来存储数据。当系统需要处理更多的数据时，添加新的节点即可。相比之下，关系型数据库的扩展性较差，因为它们采用了垂直分片的方式来存储数据。当系统需要处理更多的数据时，关系型数据库可能需要重新设计数据库结构，这会带来一定的复杂性。

1.4.3 数据操作方式

关系型数据库采用结构化查询语言（即 SQL）对数据库进行查询。SQL 早已获得多个数据库厂商的支持，成为数据库行业的标准，它支持数据库的 CRUD（增加、查询、更新、删除）操作，具有非常强大的功能，SQL 可以采用类似索引的方法来加快查询操作。分布式数据库使用的是非结构化查询语言，它以数据集（如文档）为单位来管理和操作数据，由于它没有一个统一的标准，因此每个数据库厂商提供的产品标准是不一样的。

1.4.4 规范化

在数据库的设计开发过程中，开发人员经常需要同时对一个或者多个数据实体（包括数组、列表和嵌套数据）进行操作，此时如果在关系型数据库中，通常需要先将一个数据实体分割成多个部分，然后对分割的部分进行规范化，规范化以后再分别存入多张关系型数据表中，这是一个复杂的过程。随着软件技术的发展，相当多的软件开发平台提供了简单的解决方法，例如，可以利用 ORM 层（对象关系映射）将数据库中的对象模型映射到基于 SQL 的关系型数据库中，进行不同类型系统的数据之间的转换。分布式数据库则没有这方面的问题，它不需要规范化数据。

1.4.5 事务性

关系型数据库强调 ACID 规则 [原子性（Atomicity）、一致性（Consistency）、隔离性（Isolation）、持久性（Durability）]，可以满足对事务性要求较高或者需要进行复杂数据查询的数据操作，还可以充分满足数据库操作的高性能和操作稳定性的要求，并且关系型数据库十分强调数据的强一致性，对于事务操作提供了很好的支持。关系型数据库可以控制事务原子性细粒度，并且一旦操作有误或者有需要，可以马上回滚事务。而 NoSQL 数据库强调 BASE 原则 [（基本可用（Basically Available）、软状态（Soft-state）、最终一致性（Eventual Consistency）]，它减少了对数据的强一致性支持，从而获得基本可用性和柔性可靠性，并且利用以上特性实现了高可靠性和高性能，进而达到了数据的最终一致性。分布式数据库虽然也可以用于事务操作，但由于它是一种基于节点的分布式数据库，不能很好地支持事务的操作，也很难满足其全部需求，因此分布式数据库的性能和优点更多地体现在大数据的处理和数据库的扩展方面。

1.4.6 读写性能

关系型数据库十分强调数据的一致性，并为此付出了降低读写性能的代价。虽然关系型数据库存储数据和处理数据的可靠性较高，但在处理海量数据时，效率还是会变差，特别是遇到高并发读写的时候，效率会下降得非常厉害。分布式数据库相对关系型数据库最大的优势恰恰是应对大数据，也就是说，能够高性能地读写大量的、每天都产生的非结构化的数据。这是因为分布式数据库是按 Key-Value 类型进行存储的，以数据集的方式存储，所以无论是扩展还是读写都非常容易。此外，由于分布式数据库不像关系型数据库那样需要烦琐的解析，因此，其在大数据管理、检索、读写、分析以及可视化方面具有关系型数据库不可比拟的优势。

单元小结

本单元首先对数据库系统的基本概念以及关系型数据库的特点和优势进行了介绍，说明关系型数据库具有响应速度快、安全性高、业务场景复杂等特点，但是其并不适用于大数据存储。大数据存储主要通过分布式存储系统实现，分布式文件系统和分布式数据库是分布式存储系统的两种具体实现形式。分布式数据库主要包括列族数据库、文档数据库、键值数据库和图形数据库。其中，HBase 是基于列的、适合非结构化数据存储的数据库，它主要应用于平台的底层存储、内容服务和信息展示方面。最后从存储方式、扩展方式、数据操作方式、规范化、事务性、读写性能等方面对分布式数据库与关系型数据库进行了比较。

练习题

1. 不定项选择题

（1）大数据时代，数据的存储与管理要求有（　　）。

A. 数据管理系统具有很好的扩展性，适应迅速增长的海量数据

B. 满足完整性的约束条件

C. 满足用户的高并发读写

D. 适应多变的数据结构

（2）HBase 属于（　　）类型的分布式数据库。

A. 键值数据库　　B. 文档数据库

C. 列族数据库　　D. 图形数据库

（3）HBase 的优势有（　　）。

A. 可扩展性　　B. 稀疏性

C. 高可靠性　　D. 容量巨大

2. 简答题

（1）常见的关系型数据库有哪些？

（2）分布式数据库与关系型数据库有什么区别？

单元 2

HBase 简介与安装

学习导读

HBase 是目前非常热门的一款分布式 KV（Key-Value，键值）数据库系统，广泛应用于互联网行业以及传统 IT 行业。随着大数据理念的普及，HBase 凭借其高可靠、易扩展、高性能及成熟的社区支持等优势，受到越来越多的企业的青睐。Kylin、OpenTSDB 等许多大数据系统都用 HBase 作底层数据存储服务。

本单元从 HBase 的起源出发，介绍 HBase 的概念和特点，以及 HBase 的单机部署、伪分布式部署、完全分布式部署的详细步骤。

素养提升

万事万物是相互联系、相互依存的。只有用普遍联系的、全面系统的、发展变化的观点观察事物，才能把握事物的发展规律。

HBase 的部署需要 Java 和 ZooKeeper 环境等多方面的支撑，应提前规划，特别需要注意的是，HBase 的版本与 Hadoop 和 Java 的版本有兼容要求，因此在安装 HBase 时要考虑全面。通过 HBase 的安装，体会战略思维、辩证思维和系统思维的重要性，探索提高学习和工作效率的方法，少走弯路。

学习目标

（1）了解分布式数据库 HBase。

（2）了解 ZooKeeper 的概念、集群角色及选举机制。

（3）掌握 ZooKeeper 集群的安装和部署方法。

（4）能够熟练安装与部署 HBase。

2.1 HBase 简介

2.1.1 HBase 的概念

HBase 是一个高可靠的、高性能的、面向列的、可伸缩的列式非关系型数据库，也可称为列式分布式数据库，或简称为分布式数据库。它利用 Hadoop 的分布式文件系统（Hadoop Distributed File System，HDFS）实现分布式数据存储。

HBase 是 Google BigTable 的开源实现，与 Google 的 BigTable 利用 GFS 作为其文件存储系统类似，两者底层使用的技术均存在较大差别，见表 2-1。

表 2-1　HBase 和 BigTable 对应的底层技术

对比内容	HBase	BigTable
文件存储系统	HDFS	GFS
海量数据处理	基于 Java 语言的 MapReduce	基于 C 语言的 MapReduce
协同服务管理	Zookeeper	Chubby

2.1.2 HBase 的特点

HBase 适用于稀疏数据的存储。HBase 是由行键、列键和时间戳共同索引的多维有序映射数据库，既可以存储结构化的数据，也可以存储半结构化的数据。它基于 Hadoop 生态的 HDFS 实现海量数据的分布式存储，基于 Hadoop 的 MapReduce 实现分布式的并行计算。HBase 同 Hadoop 类似，也可以做横向扩展，通过横向增加计算机来增加集群的节点，实现扩容和提高计算能力，目的是仅使用普通的硬件配置来处理由成千上万的行和列组成的海量数据。

HBase 具有以下显著特性：

1. 容量巨大

HBase 通过多台机器实现 PB 级海量数据的存储，HBase 的单表存储可以达到百亿行、百万列。并且可以在几十毫秒或几百毫秒内返回数据，这是因为它采用了 LSM 树结构来存储数据，会定期将小文件合并成大文件，从而减少对磁盘的访问量。对于关系型数据库来说，当单表存储数据达到亿级别时，读写的性能就会呈指数式下降，而对于 HBase 数据表来说，即使单表存储数据达百亿行甚至更多都不会出现性能问题。

2. 列式存储

关系型数据库是面向行存储的，每一行数据存在一块内存中；而 HBase 是面相列存储的，每一列数据存储在一块内存中，可以针对某一列进行独立检索，如图 2－1 所示。若要进行插入、更新，行式存储相对容易一些；若要进行查询，行式存储需要读取所有的数据，列式存储只需读取相应的列，可以有效降低系统的 I/O 压力。

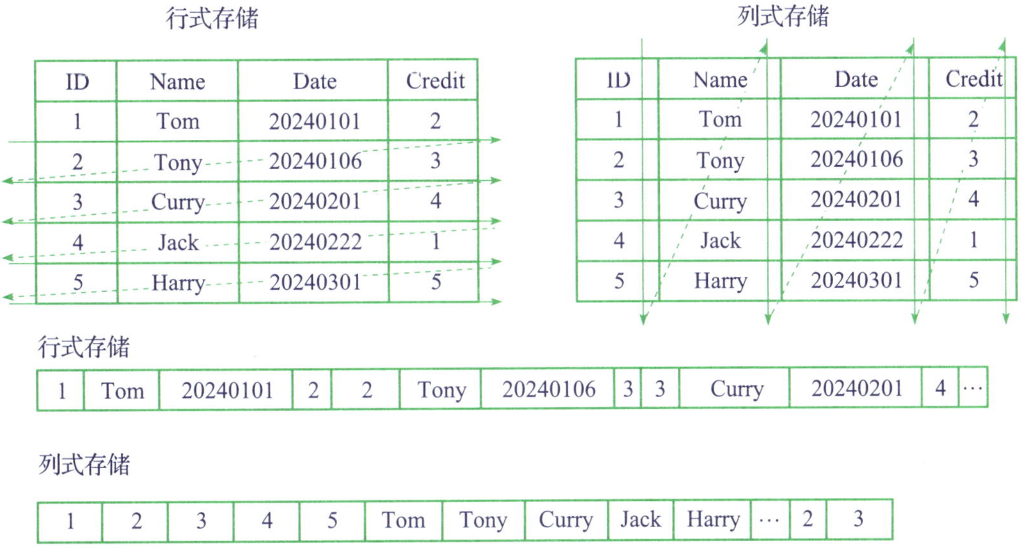

图 2－1　行式存储与列式存储

3. 稀疏性

在传统的关系型数据库中，每一个字段类型都是预先定义好的，即使对应的值为缺失值，也需要占用内存空间，而 HBase 采用列式存储，且字段类型都是字符串，字段为缺失值时并不占用内存空间，解决了数据的稀疏问题，在很大程度上节省了内存空间。HBase 通常可以设计成稀疏矩阵形式，这种方式更加接近现实中的场景。

4. 扩展性强

HBase 是基于 Hadoop 的 HDFS，继承了 HDFS 可扩展的特性，支持分布式表，可以进行横向扩展，通过增加服务器节点到现有的集群来实现扩容。HBase 表根据区域（Region，一个表中的数据会按照行被横向划分为多个 Region）的大小进行分区，然后分别存储于不同的服务器节点。增加节点时，在新的节点启动 HBase 服务器，集群便动态地调整。这里的扩展是热扩展，即在 HBase 服务不停止的前提下，增加或者减少节点。

5. 高可靠性

HDFS 的多副本机制可以让 HBase 在出现故障时自动恢复，同时 HBase 内部也提供了预写日志（Write-Ahead-Log，WAL）和副本机制（Replication）。预写日志用来记录 HBase 服务器处理数据的插入、删除等操作内容，确保在 HBase 写数据的时候不会因为集群异常而导致写入的数据丢失。副本机制则是基于日志操作来同步数据。当集群中的某个节点异常时，协调服务组件 Zookeeper 通知集群主节点，将故障节点的 HLog 日志信息分发到各个从节点进行数据恢复。HBase 在 Hadoop 生态系统中的位置如图 2-2 所示。

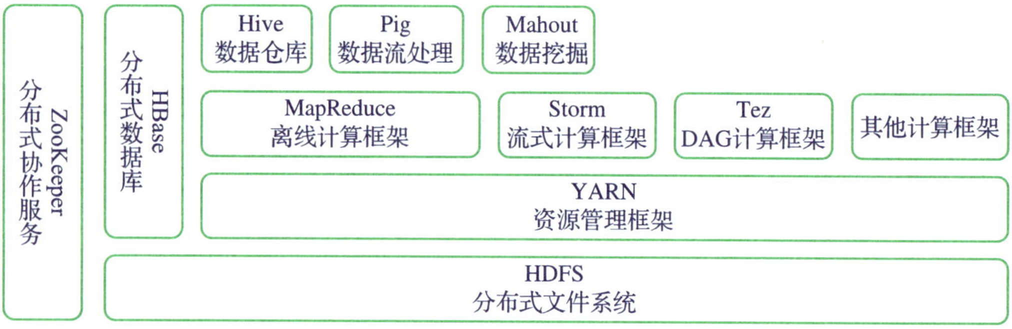

图 2-2　HBase 在 Hadoop 生态系统中的位置

2.1.3　HBase 与传统关系型数据库的区别

HBase 作为分布式数据库，与传统关系型数据库的区别较大，主要体现在以下几个方面。

1. 数据类型

关系型数据库采用关系模型，具有丰富的数据类型和存储方式。HBase 则采用了更加简单灵活的数据模型，将数据存储为未经解释的字符串，用户可以将不同格式的结构化数据和非结构化数据都序列化成字符串保存至 HBase 中，同时，用户也需要编写程序将字符串解析成不同的数据类型。

2. 数据操作

关系型数据库中提供了丰富的操作，如插入、删除、更新、查询等，一些操作会涉及复杂的多表连接，通常需要借助多个表之间的主外键关联来实现。HBase 提供的操作则不存在复杂的表与表之间的关系，只有简单的插入、查询、删除、清空等。

3. 存储模式

关系型数据库是基于行存储的，读取数据时，需要顺序扫描每个元组，再从中筛选查询出需要的数据。如果每个元组只有少量字段的值且查询操作是有用的，那么基于行存储会浪费许多磁盘空间和内存带宽。

HBase 是基于列存储的，每个列族都由几个文件保存，不同列族的文件是分离的，优点是可以降低 I/O 开销，支持大量并发用户查询（因为仅需要处理与查询结果相关的列，而不需要处理与查询结果无关的大量数据行）；同一个列族中的数据会被一起压缩（同一列族内的数据相似度较高，因此可以获得较高的数据压缩比）。

4. 数据索引

关系型数据库通常可以针对不同列构建复杂的多个索引，以提高数据访问性能。与关系型数据库不同的是，HBase 只有一个索引——行键。由于 HBase 位于 Hadoop 框架之上，所以可以使用 Hadoop MapReduce 快速、高效地生成索引表。

5. 数据维护

在关系型数据库中，更新操作会用最新的当前值去替换记录中原来的值（旧值），旧值被覆盖后就不会存在。而在 HBase 中执行更新操作时，并不会删除旧版本的数据，而是生成一个新版本的数据，旧版本的数据仍然保留。

6. 可伸缩性

关系型数据库很难实现横向扩展，纵向扩展的空间也比较有限。相反，HBase 和 BigTable 分布式数据库是为了实现灵活的横向扩展而开发的，因此能够轻易地通过在集群中增加或减少硬件数量实现性能的伸缩。

但是，相对关系型数据库，HBase 也有自身的局限性，如 HBase 不支持事务，因此无法实现跨行的原子性。

2.1.4 HBase 的应用场景

HBase 适用于具有以下特点的场景：

（1）数据模式是动态可变的，存储结构化和半结构化的数据。

（2）数据库中的列包含很多空值的稀疏数据。这是因为 HBase 采用列式存储，空值不占用空间。

（3）需要很高的吞吐量，存在海量数据写入的场景。

（4）要求高可靠性、高可扩展性数据存储的场景，能够动态扩展整个系统。

具体场景如下：

（1）大数据存储和处理：HBase 可以存储 PB 级别（1PB=1 024TB）的海量数据，并且支持快速的数据读写操作，可以作为大数据存储和处理平台的重要组成部分，例如企业级数据仓库、日志分析、搜索引擎等。

（2）实时数据处理：HBase 可以实现实时的数据存储和查询，在实时数据处理场景下可以作为数据缓存和实时计算的基础组件，例如实时监控和分析系统、智能推荐系统等。

（3）协同过滤和推荐系统：HBase 支持随机访问和列存储，可以快速查询和计算用户之间的相似度与兴趣偏好，可以作为协同过滤和推荐系统的底层存储与计算引擎。

（4）地理信息系统：HBase 支持空间数据类型和空间索引，能够存储和查询大规模的地理空间数据，可以作为地理信息系统的底层存储和查询引擎。

（5）时序数据存储和分析：HBase 支持时间戳的存储和查询，可以存储和查询大规模的时序数据，例如物联网数据、传感器数据、日志数据等。

总之，HBase 适用于大规模数据存储和处理场景，是企业级大数据应用的重要组成部分。

2.2 HBase 单机部署

本节介绍 HBase 的版本以及 HBase 版本与 Hadoop 版本、JDK 版本的兼容关系。

2.2.1 HBase 的版本及依赖环境

HBase 的项目发起人根据 Google 在 2006 年 11 月发表的 Bigtable 论文，于 2007 年 2 月提出了 HBase 的原型，并介绍了相关概念及底层数据存储结构的设计。由于 HBase 的底层文件存储依赖 Hadoop 的 HDFS 组件，因此 HBase 的版本需要与 Hadoop 的版本相匹配。2007 年 10 月，第一版 HBase 随同 Hadoop-0.15.0 版本发布，此版本只实现了最基本的模块，功能还不完善。2008 年 1 月，Hadoop 升级为 Apache 的顶级项目，HBase 作为 Hadoop 的子项目存在。此后，HBase 的发展非常活跃，Hadoop 的发展也逐渐成熟，更新速度逐渐减缓。2010 年 6 月，HBase 发布了 0.89.x 版本后不再与 Hadoop 关联发布。2010 年，HBase 也成为 Apache 的顶级项目，在 2015 年 2 月发布了较为成熟的版本 HBase1.0.0。

2023 年 12 月，官网发布的 HBase 版本如图 2－3 所示。相关的历史版本可以参考 HBase 的历史归档列表。

Releases

Version	Release Date	Compatibility Report	Changes	Release Notes	Download	Notices
3.0.0-alpha-4	2023/06/07	3.0.0-alpha-4 vs 2.0.0	Changes	Release Notes	src (sha512 asc) bin (sha512 asc) client-bin (sha512 asc)	Testing only, not production ready
2.5.7	2023/12/24	2.5.7 vs 2.5.6	Changes	Release Notes	src (sha512 asc) bin (sha512 asc) client-bin (sha512 asc) hadoop3-bin (sha512 asc) hadoop3-client-bin (sha512 asc)	*stable release*
2.4.17	2023/04/06	2.4.17 vs 2.4.16	Changes	Release Notes	src (sha512 asc) bin (sha512 asc) client-bin (sha512 asc)	

图 2－3　HBase 官方较新版本

通常，最新版本的系统不太稳定，因此不建议使用。我们可以从历史归档列表中选择稳定版的 HBase 版本，HBase 支持的 Hadoop 版本如图 2－4 所示。本教材的 Hadoop 环境为 Hadoop-3.1.3，使用的 HBase 版本为 HBase 2.4.6。

	HBase-2.4.x	HBase-2.5.x
Hadoop-2.10.[0-1]	✓	✗
Hadoop-2.10.2+	✓	✓
Hadoop-3.1.0	✗	✗
Hadoop-3.1.1+	✓	✗
Hadoop-3.2.[0-2]	✓	✗
Hadoop-3.2.3+	✓	✓
Hadoop-3.3.[0-1]	✓	✗
Hadoop-3.3.2+	✓	✓

图 2-4　HBase 支持的 Hadoop 版本

HBase 与 JDK 的版本对应关系如图 2-5 所示。

HBase Version	JDK 6	JDK 7	JDK 8	JDK 11
HBase 2.3+	✗	✗	✓	!*
HBase 2.0-2.2	✗	✗	✓	✗
HBase 1.2+	✗	✓	✓	✗
HBase 1.0-1.1	✗	✓	!	✗
HBase 0.98	✓	✓	!	✗
HBase 0.94	✓	✓	✗	✗

图 2-5　HBase 与 JDK 的版本对应关系

2.2.2　HBase 单机部署步骤

HBase 的运行模式分为单机、伪分布式、完全分布式 3 种。单机模式使用本地文件系统，一般用于测试，所有相关进程运行在一个 JVM 中。

下面介绍 HBase 的单机部署步骤。

1. 安装 JDK

将下载好的安装包 jdk-8u162-linux-x64.tar.gz，使用 Xftp 上传到指定目录 /export/software（可自行选择其他目录，或使用 mkdir-p/export/software 创建目录），并解压至 /export/servers 目录下。

```
[root@HBase software]#tar -zxvf jdk-8u162-linux-x64.tar.gz -C /export/servers/
```

配置环境变量：使用 vim/etc/profile 编辑 profile 配置文件并添加以下内容：

```
export JAVA_HOME=/export/servers/jdk1.8.0_162
export PATH=$PATH:$JAVA_HOME/bin
```

添加完成后输入命令 wq 保存 profile 配置文件，并使用 source/etc/profile 刷新环境变量。

测试 JDK 是否安装成功：输入“java-version”后，如果出现 Java 的版本，则说明 JDK 安装成功，如图 2－6 所示。

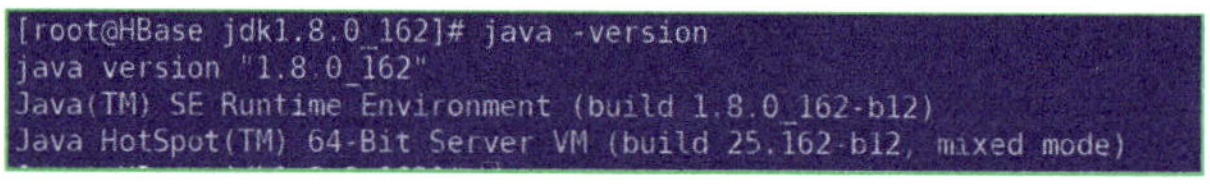

图 2－6　JDK 安装测试

2. 下载并解压 HBase

从官网下载安装包 hbase-2.4.6-bin.tar.gz，然后上传到指定目录 /export/software，并解压至 /export/servers 目录下。

```
[root@HBase software]#tar -zxvf hbase-2.4.6-bin.tar.gz -C /export/servers/
```

解压完成后，到 /export/servers 目录下查看，会出现解压后的 hbase-2.4.6 目录。

3. 重命名 hbase-2.4.6 文件夹为 hbase

```
[root@HBase servers]#mv hbase-2.4.6/hbase
```

4. 配置环境变量

```
[root@HBase servers]#vim/etc/profile
```

编辑 /etc/profile，添加以下内容：

```
export HBASE_HOME=/export/servers/hbase
export PATH=$PATH:$HBASE_HOME/bin
```

刷新环境变量：

```
[root@HBase servers]#source/etc/profile
```

5. 修改 HBase 配置文件 hbase-env.sh 并配置 HBase 运行时的环境变量

```
[root@HBase servers]#cd /export/servers/hbase/conf
[root@HBase hbase]#vim hbase-env.sh
```

添加以下内容，指定 JDK 路径，并保存退出。

```
export   JAVA_HOME=/export/servers/jdk1.8.0_162
export   HBASE_CLASSPATH=/export/servers/hbase/conf
export HBASE_HOME=/export/servers/hbase
```

6. 修改 hbase-site.xml 文件并添加 HBase 的相关配置

```
[root@HBase hbase]#vim hbase-site.xml
```

添加以下内容，配置 RegionServer 的共享目录。配置单机版的 HBase 时 hbase.cluster.distributed 的值需要设为 false。

```
<configuration>
  <property>
    <name>hbase.cluster.distributed</name>
    <value>false</value>
  </property>
  <property>
    <name>hbase.tmp.dir</name>
    <value>./tmp</value>
  </property>
  <property>
    <name>hbase.unsafe.stream.capability.enforce</name>
    <value>false</value>
  </property>
  <property>
   <name>hbase.rootdir</name>
   <value>/export/servers/hbase/data</value>
  </property>
</configuration>
```

使用 wq 命令保存对配置文件的修改，然后退出编辑。

7. 启动 HBase 进程

```
[root@HBase ~]#start-hbase.sh
```

此时，使用 jps 命令查看所有进程，发现有一个 HMaster 进程，这个就是 HBase 主服务节点。查看所有进程的结果如图 2-7 所示。

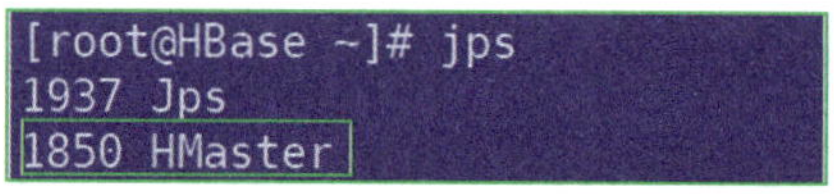

图 2-7　查看所有进程的结果

使用 hbase shell 命令进入 HBase Shell 客户端，使用 quit 命令退出 HBase Shell 客户端，如图 2-8 所示。

图 2-8　进入和退出 HBase shell 客户端

使用 stop-hbase.sh 关闭 HMaster 进程。

因为 HBase 的单机版部署只有一个主节点进程，对单点故障没有很好的解决办法，所以只在开发测试中使用。

2.3 HBase 伪分布式部署

本节学习 ZooKeeper 集群搭建、Hadoop 集群搭建，要求独立实现 HBase 数据库的伪分布式部署。HBase 伪分布式部署基于 Hadoop 集群和 ZooKeeper 集群，所以需要从官网下载兼容 HBase 2.4.6 版本的 Hadoop 和 ZooKeeper。本教材中使用的 Hadoop 版本为 3.1.3、ZooKeeper 版本为 3.8.3。

2.3.1　伪分布式 Hadoop 部署与测试

Hadoop 是分析、处理海量数据的开源软件平台，可以进行分布式存储和分布式计算，由 Java 语言编写，这里介绍 Hadoop 的伪分布式部署。

1. 安装 JDK

安装 JDK 的步骤可以参考单机部署部分。

2. 安装 ssh 并配置免密登录

（1）检查是否安装 ssh（CentOS 7 即使是最小化安装也会附带 openssh，因此可跳过本步骤）。

```
[root@HBase ~]#rpm -qa | grep ssh
```

（2）开启 sshd 服务。命令如下：

```
[root@HBase ~]#systemctl start sshd.service
```

（3）使用 cd ~/.ssh 进入 ~/.ssh 文件夹。

若不存在该文件夹，可以使用以下命令用 root 账户登录后生成：

```
[root@HBase ~]#ssh root@localhost
```

然后输入 yes，再输入本机 root 密码，如图 2－9 所示。

```
[root@HBase ~]# ssh root@localhost
The authenticity of host 'localhost (::1)' can't be established.
ECDSA key fingerprint is SHA256:k2WFLVYICdyNa504LqAmt5zXIurAr4Cs9LiQjgz2P4M.
ECDSA key fingerprint is MD5:bd:41:22:2b:56:ad:5b:cc:4b:84:2a:b5:90:a4:e4:70.
Are you sure you want to continue connecting (yes/no)? yes
Warning: Permanently added 'localhost' (ECDSA) to the list of known hosts.
root@localhost's password:
Permission denied, please try again.
root@localhost's password:
Last failed login: Thu Mar 28 03:21:50 CST 2024 from localhost on ssh:notty
There was 1 failed login attempt since the last successful login.
Last login: Thu Mar 28 03:21:01 2024 from 192.168.128.1
```

图 2－9　生成 ~/.ssh 文件夹

（4）进入 .ssh 目录后执行以下命令，生成公钥与私钥对。

```
[root@HBase .ssh]#ssh-keygen -t rsa
```

按 3 次“Enter”键，如图 2－10 所示。

```
[root@HBase .ssh]# ssh-keygen -t rsa
Generating public/private rsa key pair.
Enter file in which to save the key (/root/.ssh/id_rsa):
Enter passphrase (empty for no passphrase):
Enter same passphrase again:
Your identification has been saved in /root/.ssh/id_rsa.
Your public key has been saved in /root/.ssh/id_rsa.pub.
The key fingerprint is:
SHA256:3C+RZeEUSHaWj8IY57Lo3LS3Tu+h75yi7ebLdLN3cpI root@HBase
The key's randomart image is:
+---[RSA 2048]----+
|          .o.*o  |
|          ..o=.. |
|           *  +o |
|        .o.++. . |
|        .So+.    |
|       . o  o    |
|     o o .+ =  . |
|      o o=+* =E o|
|         .BXBO. = |
+----[SHA256]-----+
```

图 2－10　生成公钥与私钥对

（5）执行以下命令，进行 ssh 免密认证。

```
[root@HBase .ssh]#cat id_rsa.pub >> authorized_keys
```

（6）修改文件权限，命令如下：

```
[root@HBase .ssh]#chmod 644 authorized_keys
```

（7）检测是否可以免密登录，命令如下：

```
[root@HBase ~]#ssh root@localhost
```

若不需要输入密码便可登录 localhost 主机，则说明免密登录设置成功，如图 2 - 11 所示。

图 2 - 11　免密登录检测

3. 安装 Hadoop 并配置伪分布式

（1）将下载好的安装包 hadoop-3.1.3.tar.gz 上传到指定目录 /export/software，如图 2 - 12 所示。

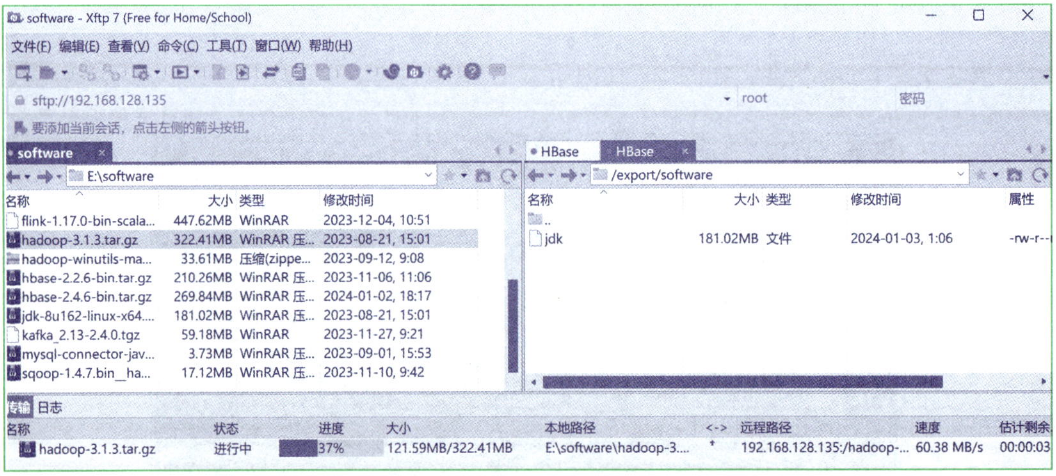

图 2 - 12　上传 hadoop-3.1.3.tar.gz

上传完成后，将 hadoop-3.1.3.tar.gz 解压至 /export/servers 目录下，并将 hadoop-3.1.3 重命名为 hadoop，命令如下：

```
[root@HBase software]#tar -zxvf hadoop-3.1.3.tar.gz -C /export/servers
[root@HBase software]#cd /export/servers
```

```
[root@HBase servers]#mv hadoop-3.1.3 hadoop
```

（2）编辑环境变量 vim/etc/profile，添加以下内容，并刷新环境变量 source/etc/profile：

```
#hadoop
export HADOOP_HOME=/export/servers/hadoop
export PATH=$PATH:$HADOOP_HOME/bin
export PATH=$PATH:$HADOOP_HOME/sbin
```

（3）创建文件夹。

1）cd 到 hadoop 目录下，执行以下命令：

```
[root@HBase hadoop]#mkdir temp
```

2）创建 namenode 存放 name table 的目录：

cd 到 temp 目录下创建 dfs 目录，再在 dfs 目录下创建 name 目录。

```
[root@HBase hadoop]#cd temp/
[root@HBase temp]#mkdir dfs
[root@HBase temp]#ls
[root@HBase temp]#cd dfs/
[root@HBase dfs]#mkdir name
[root@HBase dfs]#ls
```

创建过程及结果如图 2－13 所示。

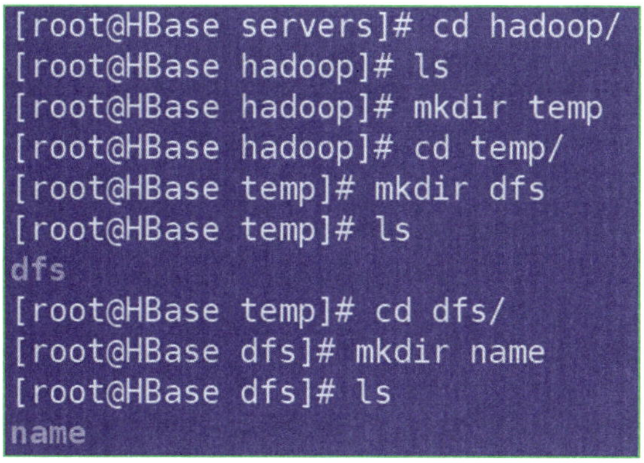

图 2－13　创建存放 name table 的目录

3）创建 datanode 存放数据 block 的目录，在 dfs 目录下创建 data 目录，如图 2－14 所示。

```
[root@HBase dfs]#mkdir data
[root@HBase dfs]#ls
```

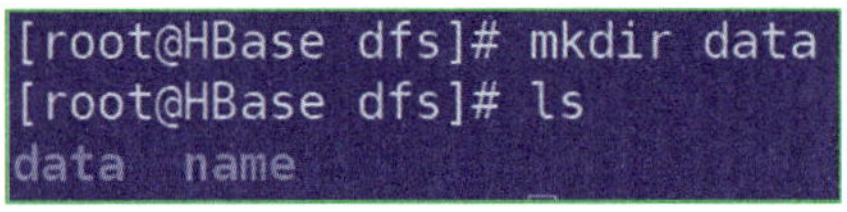

图 2－14　创建存放数据 block 的目录

（4）进入 /export/servers/hadoop/etc/hadoop 目录，编辑 core-site.xml，添加以下内容：

```
[root@HBase ~]#cd /export/servers/hadoop/etc/hadoop
[root@HBase hadoop]#vim core-site.xml

<configuration>
<property>
    <!-- 指定 hadoop 运行时产生文件的存储路径 -->
    <name>hadoop.tmp.dir</name>
    <value>/opt/module/temp</value>
    <description>A base for other temporary directories.</description>
</property>
<property>
    <!--hdfs namenode 的通信地址 -->
    <name>fs.defaultFS</name>
    <value>hdfs://127.0.0.1:9000</value>
</property>
<property>
    <name>hadoop.http.staticuser.user</name>
    <value>root</value>
</property>
</configuration>
```

添加完成后，先按“Esc”键退出编辑模式，再输入命令 wq 保存并退出编辑。

（5）进入 /export/servers/hadoop/etc/hadoop 目录，编辑 hdfs-site.xml，添加以下内容：

```
[root@HBase ~]#cd /export/servers/hadoop/etc/hadoop
[root@HBase hadoop]#vim hdfs-site.xml

<configuration>
```

```
<property>
    <!-- 指定 HDFS 储存数据的副本数目，默认情况下为 3 份 -->
    <name>dfs.replication</name>
    <value>1</value>
</property>
<property>
    <!--name node 存放 name table 的目录 -->
    <name>dfs.namenode.name.dir</name>
    <value>file:/export/servers/hadoop/temp/dfs/name</value>
</property>
<property>
    <!--data node 存放数据 block 的目录 -->
    <name>dfs.datanode.data.dir</name>
    <value>file:/export/servers/hadoop/temp/dfs/data</value>
</property>
<property>
  <!-- 设置监控页面的端口及地址 -->
  <name>dfs.http.address</name>
  <value>0.0.0.0:50070</value>
</property>
</configuration>
```

添加完成后，先按“Esc”键退出编辑模式，再输入命令 wq 保存并退出编辑。

（6）进入 /export/servers/hadoop/etc/hadoop 目录，编辑 mapred-site.xml，添加以下内容：

```
[root@HBase ~]#cd /export/servers/hadoop/etc/hadoop
[root@HBase hadoop]#vim mapred-site.xml

<configuration>
<property>
    <!-- 指定 mapreduce 编程模型运行在 yarn 上 -->
    <name>mapreduce.framework.name</name>
    <value>yarn</value>
</property>
</configuration>
```

添加完成后，先按“Esc”键退出编辑模式，再输入命令 wq 保存并退出编辑。

（7）进入 /export/servers/hadoop/etc/hadoop 目录，编辑 yarn-site.xml，添加以下内容：

```
[root@HBase ~]#cd /export/servers/hadoop/etc/hadoop
[root@HBase hadoop]#vim yarn-site.xml

<configuration>
<!-- Site specific YARN configuration properties -->
<property>
<!-- 指定 mapreduce 编程模型运行在 yarn 上 -->
<name>yarn.nodemanager.aux-services</name>
<value>mapreduce_shuffle</value>
</property>
</configuration>
```

添加完成后，先按“Esc”键退出编辑模式，再输入命令 wq 保存并退出编辑。

（8）编辑开始和关闭脚本。

1）进入 /export/servers/hadoop/sbin 目录，编辑 start-dfs.sh 和 stop-dfs.sh，在最上方的 #/usr/bin/env bash 下的空白处添加以下内容，如图 2－15 所示。

```
[root@HBase ~]#cd /export/servers/hadoop/sbin
[root@HBase sbin]#vim start-dfs.sh
[root@HBase sbin]#vim stop-dfs.sh
HDFS_DATANODE_USER=root
HADOOP_SECURE_DN_USER=hdfs
HDFS_NAMENODE_USER=root
HDFS_SECONDARYNAMENODE_USER=root
```

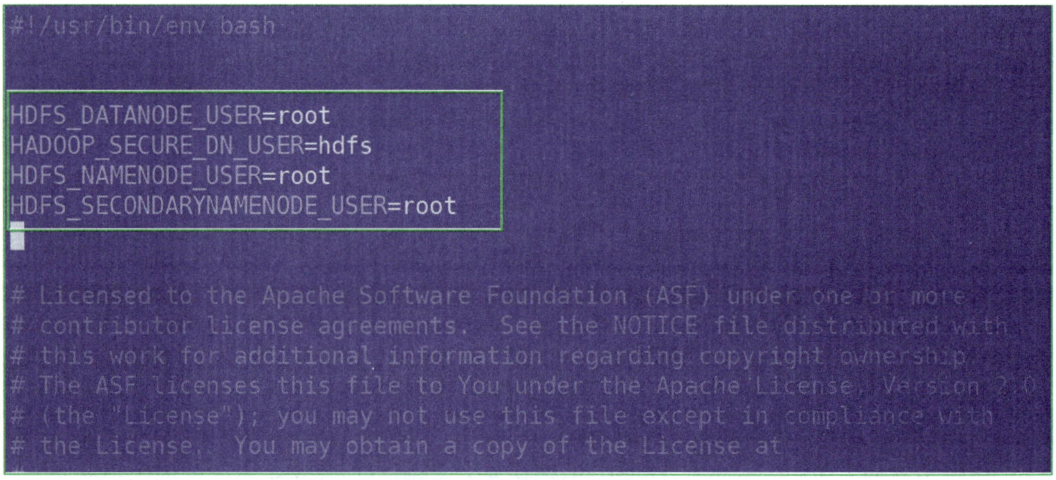

图 2－15　编辑 hdfs 集群的开始和关闭脚本

2）进入 /export/servers/hadoop/sbin 目录，编辑 start-yarn.sh 和 stop-yarn.sh，在最上方的 #/usr/bin/env bash 下的空白处添加以下内容，如图 2-16 所示。

```
[root@HBase ~]#cd /export/servers/hadoop/sbin
[root@HBase sbin]#vim start-yarn.sh
[root@HBase sbin]#vim stop-yarn.sh
YARN_RESOURCEMANAGER_USER=root
HADOOP_SECURE_DN_USER=yarn
YARN_NODEMANAGER_USER=root
```

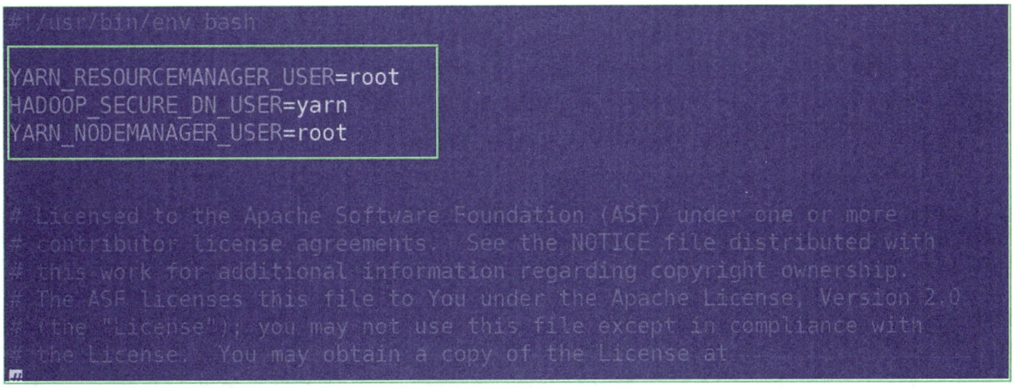

图 2-16　编辑 yarn 集群的开始和关闭脚本

（9）格式化。

进入 /export/servers/hadoop/etc/hadoop 目录，执行以下命令（仅可格式化一次）：

```
[root@HBase ~]#/export/servers/hadoop/etc/hadoop
[root@HBase hadoop]# hadoop namenode -format
```

格式化结果如图 2-17 所示。

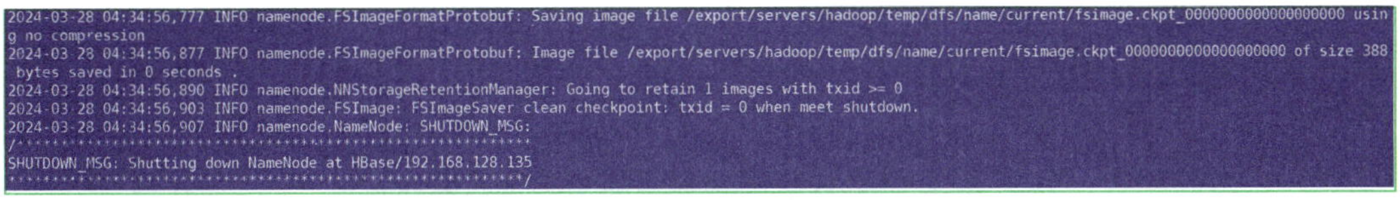

图 2-17　格式化伪分布式 Hadoop

（10）启动 Hadoop。

```
start-all.sh
```

启动结果如图 2-18 所示。

```
[root@HBase hadoop]# start-all.sh
WARNING: HADOOP_SECURE_DN_USER has been replaced by HDFS_DATANODE_SECURE_USER. Using value of HADOOP_SECURE_DN_USER.
Starting namenodes on [localhost]
Last login: Thu Mar 28 04:48:45 CST 2024 on pts/2
Starting datanodes
Last login: Thu Mar 28 04:53:45 CST 2024 on pts/2
Starting secondary namenodes [HBase]
Last login: Thu Mar 28 04:53:47 CST 2024 on pts/2
Starting resourcemanager
Last login: Thu Mar 28 04:53:54 CST 2024 on pts/2
resourcemanager is running as process 2448.  Stop it first.
Starting nodemanagers
Last login: Thu Mar 28 04:54:00 CST 2024 on pts/2
```

图 2－18　启动伪分布式 Hadoop

提示：若已确保 Java 环境设置无误但仍出现 ERROR:JAVA_HOME is not set and could not be found 导致启动集群失败，可在 hadoop-env.sh 中配置 Java 环境，如图 2－19 所示。

```
[root@HBase hadoop]# vim hadoop-env.sh
```

```
# Technically, the only required environment variable is JAVA_HOME.
# All others are optional.  However, the defaults are probably not
# preferred.  Many sites configure these options outside of Hadoop,
# such as in /etc/profile.d

# The java implementation to use. By default, this environment
# variable is REQUIRED on ALL platforms except OS X!
export JAVA_HOME=/export/servers/jdk1.8.0_162

# Location of Hadoop.  By default, Hadoop will attempt to determine
# this location based upon its execution path.
# export HADOOP_HOME=
```

图 2－19　在 hadoop-env.sh 中配置 Java 环境

（11）查看进程，检查是否启动。代码如下：

```
jps
```

如果出现图 2－20 所示的进程，则说明 Hadoop 启动成功。

```
[root@HBase hadoop]# jps
2448 ResourceManager
4384 NameNode
5217 Jps
5094 NodeManager
4711 SecondaryNameNode
4505 DataNode
```

图 2－20　jps 查看进程

（12）进入 Hadoop 的 UI 界面。

HDFS Web 界面：在浏览器中输入自己的 IP 地址：50070，如图 2－21 所示。

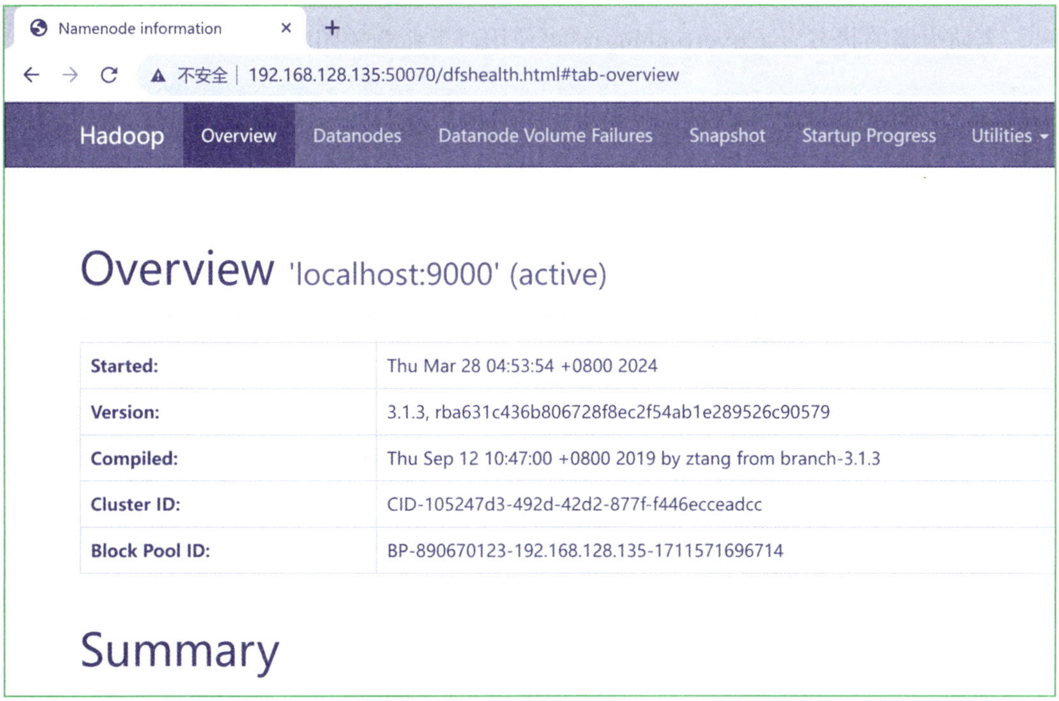

图 2－21　伪分布式 Hadoop 的 HDFS Web 界面

ResourceManager Web 界面：在浏览器中输入自己的 IP 地址：8088，如图 2－22 所示。

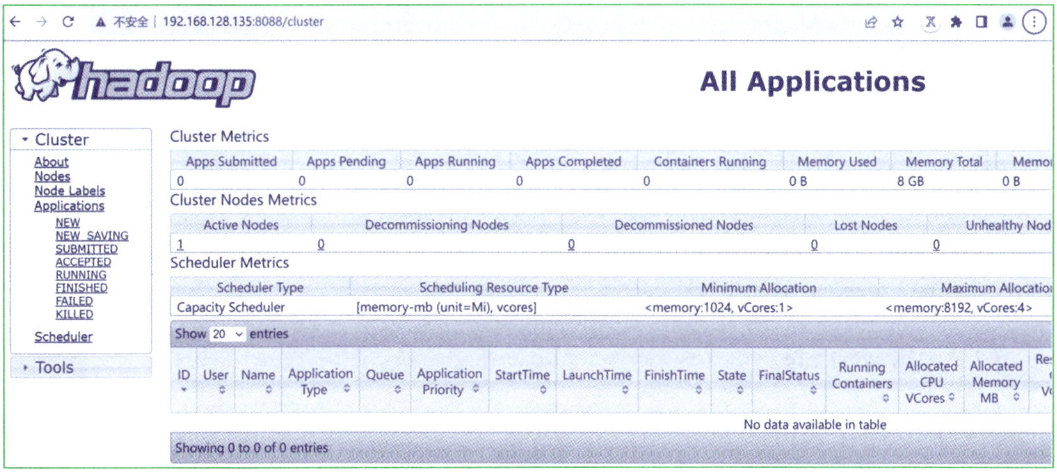

图 2－22　伪分布式 Hadoop 的 ResourceManager Web 界面

若在浏览器中无法打开上述两个 Web 页面，可使用以下命令先检查防火墙是否关闭：

```
[root@HBase hadoop]# systemctl status firewalld
```

若防火墙的状态为 active(running)，可使用以下命令关闭防火墙：

```
[root@HBase hadoop]# systemctl stop firewalld
```

2.3.2 伪分布式 ZooKeeper 部署与测试

ZooKeeper 是一个分布式协调服务的开源框架，主要用于解决分布式集群中应用系统的一致性问题，如避免因同时操作同一数据造成数据无效读取及操作的问题等。部署伪分布式 HBase 之前必须部署 ZooKeeper 集群。

1. 下载并安装 ZooKeeper

从官网下载 ZooKeeper，这里选择 apache-zookeeper-3.8.3-bin.tar.gz，解压到 /export/servers 目录下并重命名。

2. 环境变量配置

使用 vim/etc/profile 编辑 profile 配置文件并添加以下内容：

```
export    ZOOKEEPER_HOME=/export/servers/zookeeper
export    PATH=.:$ZOOKEEPER_HOME/bin:$PATH
```

3. 配置伪分布式 ZooKeeper

伪分布式集群部署是指在一台机器上配置多个配置文件，然后根据不同的配置文件来启动 ZooKeeper 服务，具体配置如下：

```
[root@HBase servers]#cd zookeeper/conf/
[root@HBase conf]#cp zoo_sample.cfg zoo1.cfg
[root@HBase conf]#cp zoo_sample.cfg zoo2.cfg
[root@HBase conf]#cp zoo_sample.cfg zoo3.cfg
[root@HBase zookeeper]#mkdir zkData1
[root@HBase zookeeper]#mkdir zkData2
[root@HBase zookeeper]#mkdir zkData3
```

（1）编辑 zoo1.cfg。

```
[root@HBase conf]#vim zoo1.cfg
```

修改以下内容：

```
dataDir=/export/servers/zookeeper/zkData1
```

```
clientPort=2181
server.1=hbase:2888:3888
server.2=hbase:2889:3889
server.3=hbase:2890:3890
```

修改完成后，先按“Esc”键退出编辑模式，再输入命令 wq 保存并退出编辑。

（2）编辑 zoo2.cfg。

```
[root@HBase conf]#vim zoo2.cfg
```

修改以下内容：

```
dataDir=/export/servers/zookeeper/zkData2
clientPort=2182
server.1=hbase:2888:3888
server.2=hbase:2889:3889
server.3=hbase:2890:3890
```

修改完成后，先按“Esc”键退出编辑模式，再输入命令 wq 保存并退出编辑。

（3）编辑 zoo3.cfg。

```
[root@HBase conf]#vim zoo3.cfg
```

修改以下内容：

```
dataDir=/export/servers/zookeeper/zkData3
clientPort=2183
server.1=hbase:2888:3888
server.2=hbase:2889:3889
server.3=hbase:2890:3890
```

修改完成后，先按“Esc”键退出编辑模式，再输入命令 wq 保存并退出编辑。

在 server.A=B:C:D 中，A 是一个数字，表示这是第几号服务器；B 是这个服务器的 IP 地址；C 表示这个服务器与集群中的 Leader 服务器交换信息的端口；D 表示集群中用来执行选举时服务器相互通信的端口，其作用是当 Leader 服务器出现故障或者停机时，需要一个端口来重新进行选举，选出一个新的 Leader。对于伪分布式集群的配置方式，由于 B 都一样，因此需要为不同的 Zookeeper 服务通信端口分配不同的端口号。

在各个 dataDir 目录下创建 myid 文件，并分别存入当前服务器的编号 1、2、3，代码如下：

```
[root@HBase zkData1]#vim myid
[root@HBase zkData1]#cd ..
[root@HBase zookeeper]#cd zkData2
[root@HBase zkData2]#vim myid
[root@HBase zkData2]#cd ..
[root@HBase zookeeper]#cd zkData3
[root@HBase zkData3]#vim myid
```

4. 启动并测试 ZooKeeper 伪分布式集群

依次启动 ZooKeeper 服务，在启动时根据选举算法依次投票，那么 2 号服务器当选为 Leader，其他节点都是 Follower。启动第一台服务器的时候，查看状态 status 是不可用的，因为集群中的节点未在半数以上。由于集群中奇数个节点和偶数个节点对故障的容忍度是一致的，因此建议配置奇数个 ZooKeeper 节点。奇数个集群可以确保在某些节点故障的情况下，仍然有足够的节点正常工作，从而避免单点故障的问题。

依次使用配置文件启动 ZooKeeper 服务的代码如下，结果如图 2－23 所示。

```
[root@HBase bin]#zkServer.sh start /export/servers/zookeeper/conf/zoo1.cfg
[root@HBase bin]#zkServer.sh start /export/servers/zookeeper/conf/zoo2.cfg
[root@HBase bin]#zkServer.sh start /export/servers/zookeeper/conf/zoo3.cfg
```

```
[root@HBase bin]# zkServer.sh start /export/servers/zookeeper/conf/zoo1.cfg
ZooKeeper JMX enabled by default
Using config: /export/servers/zookeeper/conf/zoo1.cfg
Starting zookeeper ... STARTED
[root@HBase bin]# zkServer.sh start /export/servers/zookeeper/conf/zoo2.cfg
ZooKeeper JMX enabled by default
Using config: /export/servers/zookeeper/conf/zoo2.cfg
Starting zookeeper ... STARTED
[root@HBase bin]# zkServer.sh start /export/servers/zookeeper/conf/zoo3.cfg
ZooKeeper JMX enabled by default
Using config: /export/servers/zookeeper/conf/zoo3.cfg
Starting zookeeper ... STARTED
```

图 2－23　ZooKeeper 服务启动结果

查看各个服务节点状态的代码如下，结果如图 2－24 所示。

```
[root@HBase bin]#zkServer.sh status /export/servers/zookeeper/conf/zoo1.cfg
[root@HBase bin]#zkServer.sh status /export/servers/zookeeper/conf/zoo2.cfg
[root@HBase bin]#zkServer.sh status /export/servers/zookeeper/conf/zoo3.cfg
```

```
[root@HBase bin]# zkServer.sh status /export/servers/zookeeper/conf/zoo1.cfg
ZooKeeper JMX enabled by default
Using config: /export/servers/zookeeper/conf/zoo1.cfg
Client port found: 2181. Client address: localhost. Client SSL: false.
Mode: follower
[root@HBase bin]# zkServer.sh status /export/servers/zookeeper/conf/zoo2.cfg
ZooKeeper JMX enabled by default
Using config: /export/servers/zookeeper/conf/zoo2.cfg
Client port found: 2182. Client address: localhost. Client SSL: false.
Mode: leader
[root@HBase bin]# zkServer.sh status /export/servers/zookeeper/conf/zoo3.cfg
ZooKeeper JMX enabled by default
Using config: /export/servers/zookeeper/conf/zoo3.cfg
Client port found: 2183. Client address: localhost. Client SSL: false.
Mode: follower
```

图 2-24　查看 ZooKeeper 服务节点的状态

客户端连接 Zookeeper 服务节点，则使用以下命令：

```
[root@HBase bin]#zkCli.sh -server hbase:2183
```

进入 Zookeeper 服务节点，如图 2-25 所示。

```
2024-03-28 16:47:24,092 [myid:] - INFO  [main:o.a.z.ClientCnxnSocket@239] - jute.maxbuffer value is 1048575 Bytes
2024-03-28 16:47:24,105 [myid:] - INFO  [main:o.a.z.ClientCnxn@1741] - zookeeper.request.timeout value is 0. feature enabled=false
Welcome to ZooKeeper!
2024-03-28 16:47:24,116 [myid:HBase:2183] - INFO  [main-SendThread(HBase:2183):o.a.z.ClientCnxn$SendThread@1177] - Opening socket con
168.128.136:2183.
2024-03-28 16:47:24,117 [myid:HBase:2183] - INFO  [main-SendThread(HBase:2183):o.a.z.ClientCnxn$SendThread@1179] - SASL config status
ticate using SASL (unknown error)
2024-03-28 16:47:24,126 [myid:HBase:2183] - INFO  [main-SendThread(HBase:2183):o.a.z.ClientCnxn$SendThread@1011] - Socket connection
ion, client: /192.168.128.136:58614, server: HBase/192.168.128.136:2183
JLine support is enabled
2024-03-28 16:47:24,191 [myid:HBase:2183] - INFO  [main-SendThread(HBase:2183):o.a.z.ClientCnxn$SendThread@1452] - Session establishm
/192.168.128.136:2183, session id = 0x300000abdf20000, negotiated timeout = 30000

WATCHER::

WatchedEvent state:SyncConnected type:None path:null
[zk: hbase:2183(CONNECTED) 0]
```

图 2-25　进入 ZooKeeper 服务节点

使用命令 quit 退出 ZooKeeper 服务节点，如图 2-26 所示。

```
WATCHER::

WatchedEvent state:SyncConnected type:None path:null
[zk: hbase:2183(CONNECTED) 0] quit

WATCHER::

WatchedEvent state:Closed type:None path:null
2024-03-28 16:50:16,203 [myid:] - INFO  [main:o.a.z.ZooKeeper@1232] - Session: 0x300000abdf20000 closed
2024-03-28 16:50:16,203 [myid:] - INFO  [main-EventThread:o.a.z.ClientCnxn$EventThread@568] - EventThread shut down for session: 0x300000abdf20000
2024-03-28 16:50:16,205 [myid:] - INFO  [main:o.a.z.u.ServiceUtils@45] - Exiting JVM with code 0
```

图 2-26　退出 ZooKeeper 服务节点

2.3.3　伪分布式 HBase 部署

伪分布式和完全分布式使用 HDFS 文件系统，属于主从模式，一个 Master 节点，多个 Slave 节点。伪分布式的所有进程运行在同一个主机上的同一个 JVM 中，主要用于测试。

1. HBase 的安装

HBase 的安装方法前面已经讲解，这里不再赘述。

2. 配置 HBase 伪分布式

修改 hbase-env.sh，添加以下内容：

```
[root@HBase servers]#cd hbase/conf/
[root@HBase conf]#vim hbase-env.sh
```

配置以下内容：

```
export JAVA_HOME=/export/servers/jdk1.8.0_162
export HBASE_MANAGES_ZK=false   #zookeeper 与 HBase 独立
```

与单机部署的 HBase 相比较，伪分布式部署的配置明显多了几项。当配置项 HBASE_MANAGES_ZK=true 时，ZooKeeper 作为 HBase 的一部分来管理，随着 HBase 的启动而启动、随着 HBase 的关闭而关闭；当配置项 HBASE_MANAGES_ZK=false 时，ZooKeeper 作为独立的集群，完全与 HBase 脱离关系。因此，当两者独立的时候必须先启动 ZooKeeper 集群，然后才可以启动 HBase 集群。

下面修改 hbase-site.xml 配置文件，主要是配置 RegionServer 的共享目录、HBase 的分布式模式（hbase.cluster.distributed 的值要设为 true)、ZooKeeper 服务的地址，具体配置项如下：

```
[root@HBase conf]#vim hbase-site.xml

<configuration>
    <property>
        <name>hbase.rootdir</name>
        <value>hdfs://127.0.0.1:9000/hbase</value>
        <description>hbase.rootdir 是 RegionServer 的共享目录，用于持久化存储 HBase 的数
据，默认存储在 /tmp，重启 HBase 时数据会丢失
        通常，HDFS 目录与 core-site.xml 中配置的地址一致
        如 HDFS 主机 namenode.exampleorg:9000
        </description>
    </property>
    <property>
        <name>hbase.cluster.distributed</name>
        <value>true</value>
        <description>
        HBase 的运行模式
        false 为单机模式
        true 为分布式模式，又分为伪分布式、完全分布式
        </description>
```

```
    </property>
    <property>
        <name>hbase.zookeeper.quorum</name>
        <value>hbase</value>
        <description>
        Zookeeper 集群的服务节点地址，如 localhost、192.168.128.136
        </description>
    </property>
    <property>
        <name>hbase.zookeeper.property.dataDir</name>
        <value>/var/zookeeper</value>
        <description>
        存储 Zookeeper 的元数据，默认存储在 /tmp，重启后数据会丢失
        </description>
    </property>
</configuration>
```

3. 启动并测试 HBase

先开启 Hadoop 和 ZooKeeper 集群，再使用以下命令开启 HBase：

```
[root@HBase hbase]#start-hbase.sh
[root@HBase hbase]#hbase shell        # 进入 HBase 执行数据库操作
[root@HBase hbase]#stop-hbase.sh      # 关闭集群
```

启动 HBase 伪分布式集群后，使用 jps 命令查看所有进程，结果如图 2－27 所示，主节点 HMaster 和从节点 HRegionServer 均启动，则表示部署成功。这里在同一个服务器上只开启了一个从节点，原因是在 HBase 的配置文件 regionservers 中只有一个当前节点。

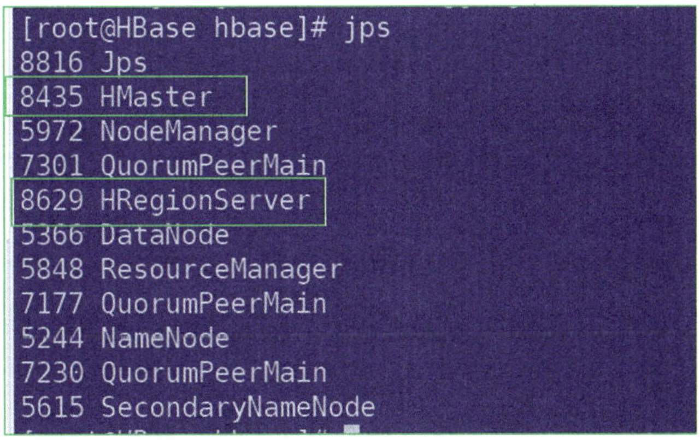

图 2－27　查看所有进程

4. 进入 HBase 的 UI 界面

进入 HBase 的 UI 界面，自己的 IP 地址为 16010，如图 2－28 所示。

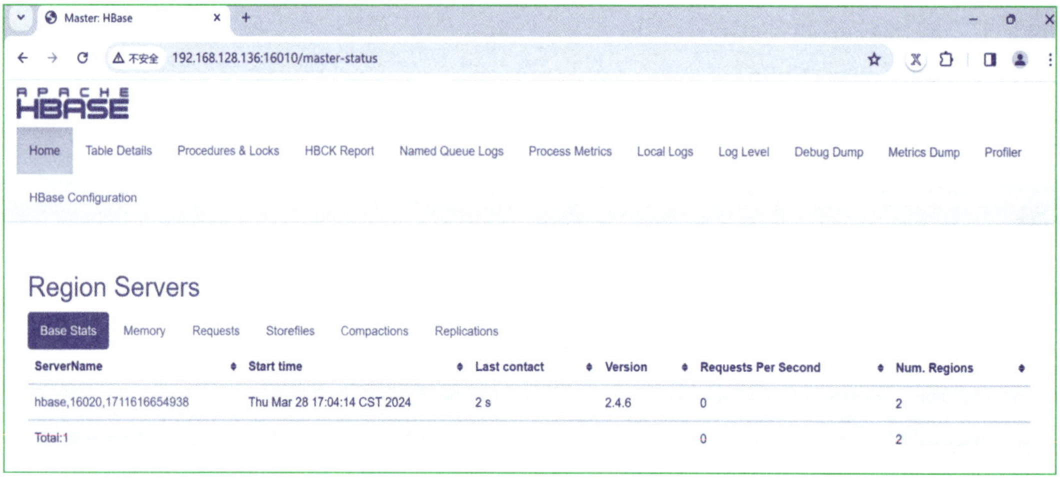

图 2－28　伪分布式 HBase 的 UI 界面

2.4　HBase 完全式部署

2.4.1　完全分布式 Hadoop 的部署与测试

本书搭建及配置的 Hadoop 完全分布式集群环境包括 1 个主节点、3 个从节点，集群规划见表 2－2。

表 2－2　Hadoop 集群规划

IP 地址	主机名	角色
192.168.128.130	master	主节点
192.168.128.131	slave1	从节点
192.168.128.132	slave2	从节点
192.168.128.133	slave3	从节点

完全分布式 Hadoop 集群的搭建步骤如下：

1. 克隆节点配置修改

在 VMware 界面右击“虚拟机 master”，选择“管理→克隆”。每一个从 master 克隆后的节点都需要进行以下操作（以从节点 slave1 为例）：

（1）开启虚拟机，输入命令 ip addr 查看当前主机的 IP 地址。

（2）在 /etc/sysconfig/network-scripts/ifcfg-ens33 中使用以下命令修改 IPADDR 后面的 IP：

```
[root@centos ~]#vim /etc/sysconfig/network-scripts/ifcfg-ens33
```

修改内容如图 2－29 所示。

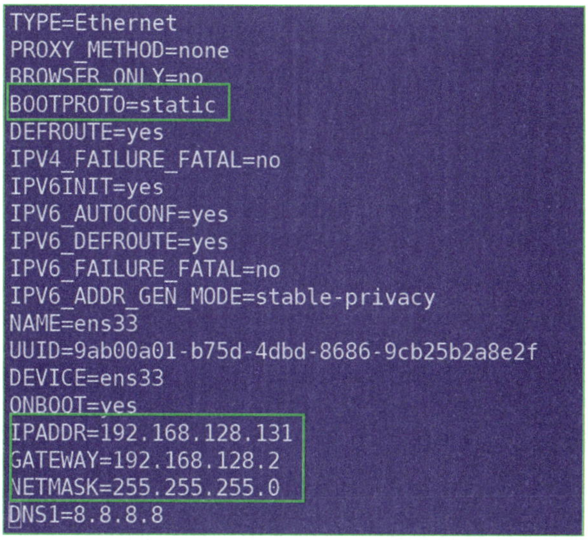

图 2－29　修改 ifcfg-ens33 文件

（3）使用以下命令编辑 /etc/hostname，以修改主机名（主节点为 master，子节点分别为 slave1、slave2、slave3），如图 2－30 所示。

```
[root@centos ~]#vim /etc/hostname
```

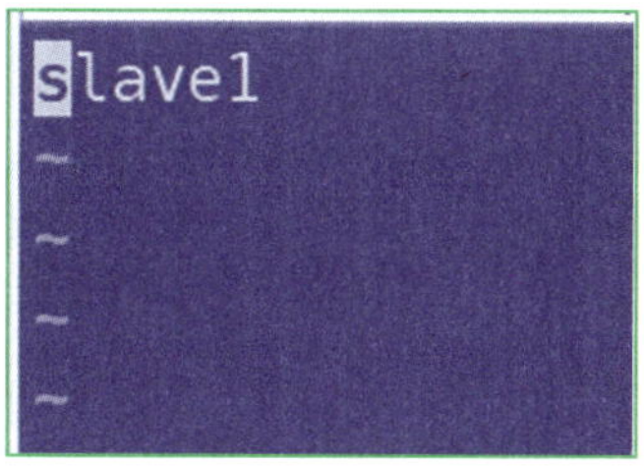

图 2－30　修改主机名

（4）使用命令 service network restart 重启网络服务，如图 2－31 所示。

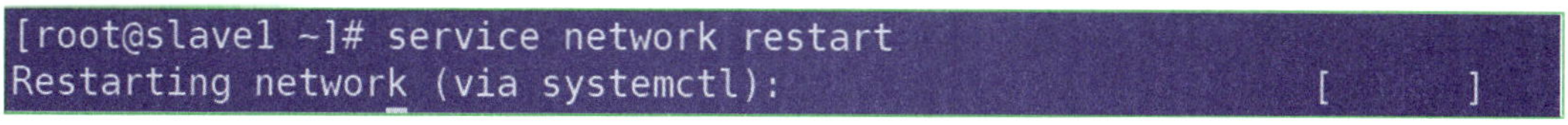

图 2－31　重启网络服务

（5）使用命令 ip addr 查看 IP、主机名是否修改成功。

（6）使用命令 reboot 重启虚拟机。

2. 配置无密码登录

（1）配置 IP 映射（每个节点都要修改）。

编辑 /etc/hosts，添加以下代码：

```
[root@slave1 ~]#vim /etc/hosts

192.168.128.130 master
192.168.128.131 slave1
192.168.128.132 slave2
192.168.128.133 slave3
```

（2）配置 ssh 无密码登录。

1）使用 ssh-keygen 产生公钥与私钥对。输入命令 ssh-keygen-t rsa，然后按 3 次 "Enter" 键（参考 2.3.1 伪分布式 Hadoop 部署与测试中的免密登录设置），生成私有密钥 id_rsa 和公有密钥 id_rsa.pub 两个文件。ssh-keygen 用于生成 RSA 类型的密钥并管理该密钥，参数 "-t" 用于指定要创建的 ssh 密钥的类型为 RSA。

2）用 ssh-copy-id 将公钥复制到远程机器中，代码如下：

```
[root@slave1 ~]#ssh-copy-id -i /root/.ssh/id_rsa.pub master// 依次输入 yes,123456（root 用户的密码）
[root@slave1 ~]#ssh-copy-id -i /root/.ssh/id_rsa.pub slave1
[root@slave1 ~]#ssh-copy-id -i /root/.ssh/id_rsa.pub slave2
[root@slave1 ~]#ssh-copy-id -i /root/.ssh/id_rsa.pub slave3
```

3）验证是否已设置无密码登录。

依次输入以下代码：

```
[root@master ~]#ssh slave1
[root@slave1 ~]#exit
[root@master ~]#ssh slave2
[root@slave2 ~]#exit
[root@master ~]#ssh slave3
[root@slave3 ~]#exit
```

验证结果如图 2－32 所示，说明不需要输入密码即可登录各主机，表示设置成功。

```
[root@master ~]# ssh slave1
Last login: Thu Mar 28 14:38:27 2024 from 192.168.128.1
[root@slave1 ~]# exit
logout
Connection to slave1 closed.
[root@master ~]# ssh slave2
Last login: Thu Mar 28 15:02:45 2024 from 192.168.128.1
[root@slave2 ~]# exit
logout
Connection to slave2 closed.
[root@master ~]# ssh slave3
Last login: Thu Mar 28 15:02:59 2024 from 192.168.128.1
[root@slave3 ~]# exit
logout
Connection to slave3 closed.
```

图 2-32 验证 ssh 无密码登录

3. 配置时间同步服务

（1）在各节点安装 NTP 服务（以 master 为例）。

```
[root@master ~]#yum -y install ntp
```

（2）修改设置。

假设 master 节点为 NTP 服务主节点，那么其配置如下：

使用命令 vim /etc/ntp.conf 打开 /etc/ntp.conf 文件，注释以 server 开头的行，并添加以下代码：

```
restrict 192.168.128.2 mask 255.255.255.0 nomodify notrap
server 127.127.1.0
fudge 127.127.1.0 stratum 10
```

（3）在 slave 中配置 NTP。

修改 /etc/ntp.conf 文件，注释掉 server 开头的行，并添加以下代码：

```
server master
```

（4）关闭防火墙。

使用命令 systemctl stop firewalld.service & systemctl disable firewalld.service 永久性关闭防火墙，主节点和从节点都要关闭。master 节点防火墙状态如图 2-33 所示。

```
[root@master ~]# systemctl status firewalld
● firewalld.service - firewalld - dynamic firewall daemon
   Loaded: loaded (/usr/lib/systemd/system/firewalld.service; disabled; vendor preset: enabled)
   Active: inactive (dead)
     Docs: man:firewalld(1)
```

图 2-33 master 节点防火墙状态

（5）启动 NTP 服务。

1）在 master 节点执行命令 service ntpd start & chkconfig ntpd on。

```
[root@master ~]#service ntpd start & chkconfig ntpd on
```

2）在 slave 上执行命令 ntpdate master 即可同步时间（以 slave1 为例）。

```
[root@slave1 ~]#ntpdate master
```

3）在 slave 上执行命令 service ntpd start & chkconfig ntpd on，即可启动并永久启动 NTP 服务（以 slave1 为例）。

```
[root@slave1 ~]#service ntpd start & chkconfig ntpd on
```

4. 安装 JDK（每个节点都要安装）

可以参考单机部署部分的相关步骤。

5. Hadoop3.1.3 配置（主节点进行）

（1）上传安装包。

通过 xmanager 的 Xftp 上传 hadoop-3.1.3.tar.gz 文件到 /export/software 目录。

（2）解压 hadoop-3.1.3.tar.gz 文件。

```
[root@master ~]#tar -zxvf hadoop-3.1.3.tar.gz -C /export/servers
```

解压后即可看到 /export/servers/hadoop-3.1.3 文件夹。

1）进入目录。

```
[root@master ~]#cd /export/servers/hadoop-3.1.3/etc/hadoop/
```

依次修改图 2－34 所示的配置文件（使用 vim 命令对文件进行修改，如 vim core-site.xml。修改方法可参考 2.3 HBase 伪分布式部署）。

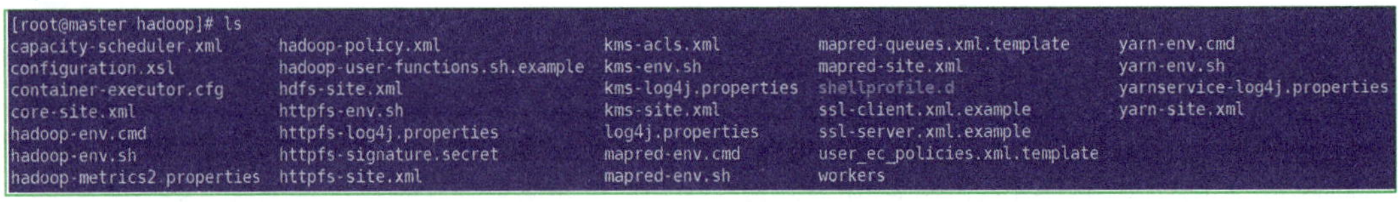

图 2－34　Hadoop 配置文件

提示：需要修改的各配置文件中存在 <configuration></configuration>，将配置内容放入其中，且只保留一组 <configuration></configuration>。要特别注意 property、name 等标签都是成对出现的，修改文件后检查无误再保存。

2）编辑 core-site.xml 并添加以下内容：

```
[root@master hadoop]#vim core-site.xml

<configuration>
    <property>
        <name>fs.defaultFS</name>
        <value>hdfs://master:8020</value>
    </property>
    <property>
        <name>hadoop.tmp.dir</name>
        <value>/var/log/hadoop/tmp</value>
    </property>
</configuration>
```

3）编辑 hadoop-env.sh 并添加以下内容：

```
[root@master hadoop]#vim hadoop-env.sh

export JAVA_HOME=/export/servers/jdk1.8.0_162
```

4）编辑 hdfs-site.xml 并添加以下内容：

```
[root@master hadoop]#vim hdfs-site.xml

<configuration>
    <property>
        <name>dfs.namenode.name.dir</name>
        <value>file:///data/hadoop/hdfs/name</value>
    </property>
    <property>
        <name>dfs.datanode.data.dir</name>
        <value>file:///data/hadoop/hdfs/data</value>
    </property>
    <property>
        <name>dfs.namenode.secondary.http-address</name>
        <value>master:50090</value>
    </property>
    <property>
        <name>dfs.replication</name>
        <value>3</value>
    </property>
</configuration>
```

5）编辑 mapred-site.xml。复制 mapred-site.xml.template 文件并重命名为 mapred-site.xml（若无 mapred-site.xml.template 文件，则直接修改 mapred-site.xml）。

```
[root@master hadoop]#cp mapred-site.xml.template mapred-site.xml
[root@master hadoop]#vim mapred-site.xml
```

添加以下内容：

```
<configuration>
    <property>
        <name>mapreduce.framework.name</name>
        <value>yarn</value>
    </property>
    <!-- jobhistory properties -->
    <property>
        <name>mapreduce.jobhistory.address</name>
        <value>master:10020</value>
    </property>
    <property>
        <name>mapreduce.jobhistory.webapp.address</name>
        <value>master:19888</value>
    </property>
</configuration>
```

6）编辑 yarn-site.xml 并添加以下内容：

```
[root@master hadoop]#vim yarn-site.xml
<configuration>
    <property>
        <name>yarn.resourcemanager.hostname</name>
        <value>master</value>
    </property>
    <property>
        <name>yarn.resourcemanager.address</name>
        <value>${yarn.resourcemanager.hostname}:8032</value>
    </property>
    <property>
        <name>yarn.resourcemanager. scheduler.address</name>
        <value>${yarn.resourcemanager.hostname}:8030</value>
    </property>
    <property>
```

```
    <name>yarn.resourcemanager.webapp.address</name>
    <value>${yarn.resourcemanager.hostname}:8088</value>
</property>
<property>
    <name>yarn.resourcemanager.webapp.https.address</name>
    <value>${yarn.resourcemanager.hostname}:8090</value>
</property>
<property>
    <name>yarn.resourcemanager.resource-tracker.address</name>
    <value>${yarn.resourcemanager.hostname}:8031</value>
</property>
<property>
    <name>yarn.resourcemanager.admin.address</name>
    <value>${yarn.resourcemanager.hostname}:8033</value>
</property>
<property>
    <name>yarn.nodemanager.local-dirs</name>
    <value>/data/hadoop/yarn/local</value>
</property>
<property>
    <name>yarn.log-aggregation-enable</name>
    <value>true</value>
</property>
<property>
    <name>yarn.nodemanager.remote-app-log-dir</name>
    <value>/data/tmp/logs</value>
</property>
<property>
    <name>yarn.log.server.url</name>
    <value>http://master:19888/jobhistory/logs/</value>
    <description>URL for job history server</description>
</property>
<property>
    <name>yarn.nodemanager.vmem-check-enabled</name>
    <value>false</value>
</property>
<property>
    <name>yarn.nodemanager.aux-services</name>
    <value>mapreduce_shuffle</value>
</property>
```

```
    <property>
        <name>yarn.nodemanager.aux-services.mapreduce.shuffle.class</name>
        <value>org.apache.hadoop.mapred.ShuffleHandler</value>
    </property>
    <property>
        <name>yarn.nodemanager.resource.memory-mb</name>
        <value>2048</value>
    </property>
    <property>
        <name>yarn.scheduler.minimum-allocation-mb</name>
        <value>512</value>
    </property>
    <property>
        <name>yarn.scheduler.maximum-allocation-mb</name>
        <value>4096</value>
    </property>
    <property>
        <name>mapreduce.map.memory.mb</name>
        <value>2048</value>
    </property>
    <property>
        <name>mapreduce.reduce.memory.mb</name>
        <value>2048</value>
    </property>
    <property>
        <name>yarn.nodemanager.resource.cpu-vcores</name>
        <value>1</value>
    </property>
</configuration>
```

7）编辑 yarn-env.sh 并添加以下内容来设置 Java 环境。

```
[root@master hadoop]#vim yarn-env.sh
export JAVA_HOME==/export/servers/jdk1.8.0_162
```

8）修改 workers 文件。删除原有 localhost，添加以下代码：

```
slave1
slave2
slave3
```

（3）对启动命令赋予权限设置。

进入启动命令所在位置：

```
[root@master ~]#cd $HADOOP_HOME/sbin
```

注：参数的添加位置应为开头原注释内容的后一行，如图2-35所示。

图2-35 启动命令参数添加位置

使用vim命令分别修改start-dfs.sh和stop-dfs.sh，添加以下内容：

```
[root@master sbin]#vim start-dfs.sh
[root@master sbin]#vim stop-dfs.sh

HDFS_DATANODE_USER=root
HADOOP_SECURE_DN_USER=hdfs
HDFS_NAMENODE_USER=root
HDFS_SECONDARYNAMENODE_USER=root
```

使用vim命令分别修改start-yarn.sh和stop-yarn.sh，添加以下内容：

```
[root@master sbin]#vim start-yarn.sh
[root@master sbin]#vim stop-yarn.sh

YARN_RESOURCEMANAGER_USER=root
HADOOP_SECURE_DN_USER=yarn
YARN_NODEMANAGER_USER=root
```

（4）复制hadoop安装文件到集群slave节点（需先在各slave节点创建/export/servers文件夹）。

```
scp -r /expor/servers/hadoop-3.1.3 slave1:/export/servers
scp -r /expor/servers/hadoop-3.1.3 slave2:/export/servers
scp -r /expor/servers/hadoop-3.1.3 slave3:/export/servers
```

（5）在 /etc/profile 添加 Hadoop 路径。

```
[root@master ~]#vim /etc/profile
```

添加以下内容：

```
export HADOOP_HOME=/export/servers/hadoop-3.1.3
export PATH=$PATH:$HADOOP_HOME/bin
```

修改 source /etc/profile 使其生效。

```
[root@master ~]#source /etc/profile
```

（6）格式化 NameNode。

```
[root@master ~]#cd /export/servers/hadoop-3.1.3/bin
[root@master sbin]#./hdfs namenode -format
```

注：hadoop 集群只需要格式化一次即可，后续启动无须格式化。

（7）主节点启动。

进入目录：

```
[root@master ~]#cd /usr/local/hadoop-3.1.3/sbin
```

执行启动：

```
[root@master sbin]#./start-dfs.sh
[root@master sbin]#./start-yarn.sh
[root@master sbin]#./mr-jobhistory-daemon.sh start historyserver
```

或者使用 start-all.sh 启动整个集群：

```
[root@master sbin]#start-all.sh
```

（8）分别在 4 台主机上使用 jps 命令查看进程。如图 2－36、图 2－37 所示，master 节点的进程包括 NameNode 进程和 ResourceManager 进程，slave 节点包括 DataNode 进程和 NodeManager 进程。

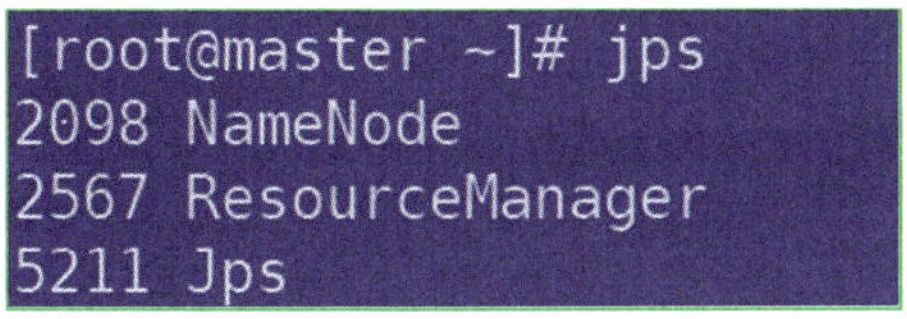

图 2－36　master 节点进程

图 2－37　slave 节点进程

（9）在本地计算机添加映射。

在 Windows 下的 C:\Windows\System32\drivers\etc\hosts 中添加 IP 映射（该文件需要管理员权限才可修改，可以先复制到桌面，修改之后再复制回 etc 文件夹下，并覆盖原来的 hosts 文件）。

```
192.168.128.130 master
192.168.128.131 slave1
192.168.128.132 slave2
192.168.128.133 slave3
```

修改后的 hosts 文件内容如图 2－38 所示。

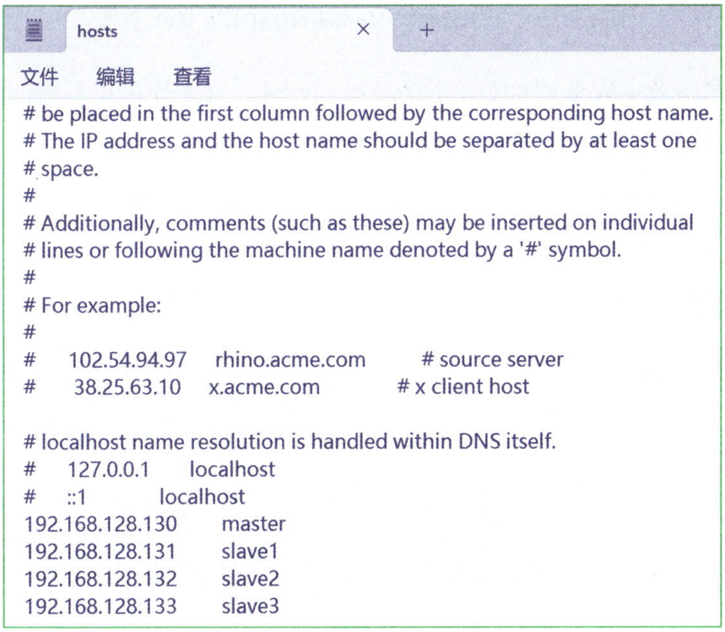

图 2－38　hosts 文件内容

（10）浏览器查看。

HDFS Web 界面：http://master:9870。与伪分布式不同的是完全分布式的 Datanodes 中有 3 个节点，如图 2－39 所示。

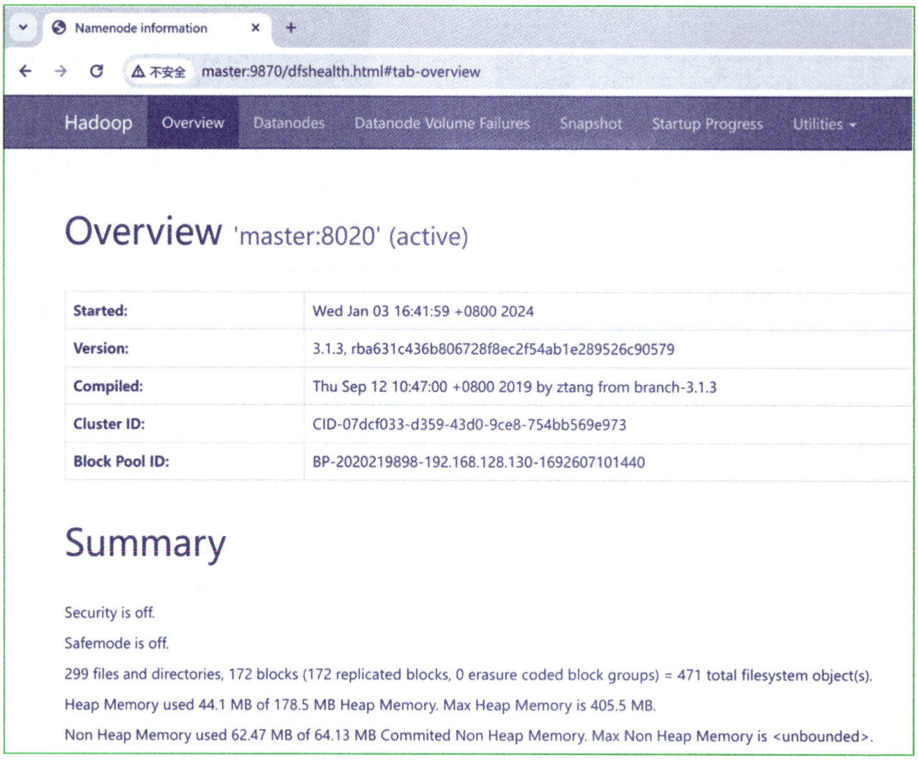

图 2-39　完全分布式 Hadoop 的 HDFS Web 界面

ResourceManager Web 界面：http://master:8088。与伪分布式不同的是完全分布式可交由不同节点来处理计算任务，如图 2-40 所示。

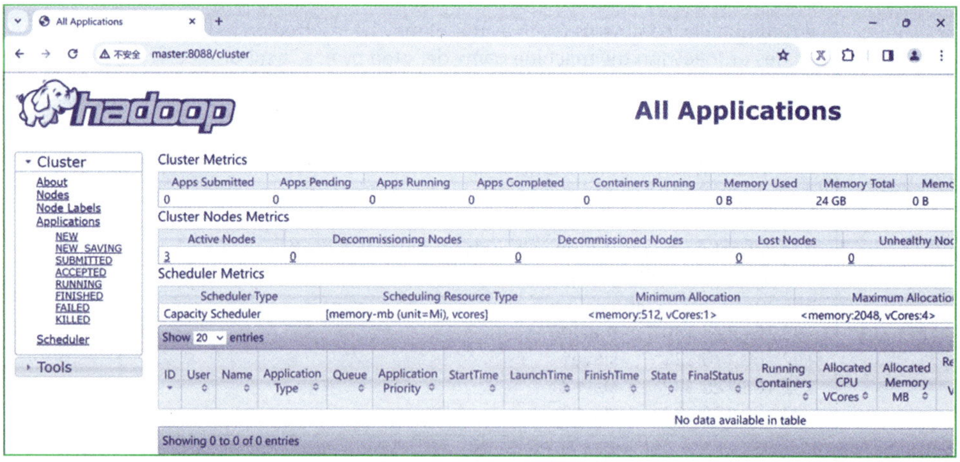

图 2-40　完全分布式 Hadoop 的 ResourceManager Web 界面

2.4.2　完全分布式 ZooKeeper 部署与测试

在 HBase 集群中，包含了一个 Master 主服务器和多个 Region 服务器。Master

即为 HBase 集群的总管，Master 必须知道 Region 服务器的状态。HBase 需要使用 ZooKeeper 提供的稳定、可靠的协同服务，来维护集群中各节点的服务状态。

1. ZooKeeper 集群角色

ZooKeeper 本质上是一个分布式的小文件存储系统，提供基于类似于文件系统的目录树方式的数据存储，并且可以对树中的节点进行有效管理，用来维护和监控存储数据的状态变化，实现基于数据的集群管理，如统一命名服务、分布式配置管理、分布式协调、负载均衡、分布式协调通知、集群管理、Master 选举、分布式消息队列、分布式锁等。只要所有服务器节点超过半数可用，整个 ZooKeeper 集群即可用。ZooKeeper 可以保证分布式顺序一致性、单一视图、可靠性和实时性。

ZooKeeper 集群是一个主从集群结构，一般由一个 Leader（领导者）和多个 Follower（跟随者）组成。此外，针对访问量较大的 ZooKeeper 集群，还可新增 Observer（观察者）。ZooKeeper 集群中的所有节点通过一个 Leader 选举过程选定一个节点为 Leader，为客户端提供读和写服务；Follower 和 Observer 则提供读服务，Observer 不参与 Leader 选举过程。ZooKeeper 的角色见表 2－3。

表 2－3 ZooKeeper 的角色

角色	描述
领导者（Leader）	领导者负责投票的发起和决议，更新系统状态
跟随者（Follower）	跟随者负责接收客户请求并向客户端返回结果，在选举过程中参与投票
观察者（Observer）	观察者可以接收客户端连接，将写请求转发给领导者节点。但观察者不参与投票过程，只同步领导者的状态，其目的是扩展系统、提高读取速度
客户端（Client）	请求发起方

ZooKeeper 集群中的 3 种角色各司其职，共同完成分布式协调服务，具体说明如下：

（1）Leader 是 ZooKeeper 集群工作的核心，也是事务性请求（写操作）的唯一调试和处理者，保证集群事务处理的顺序性，同时负责投票的发起和决议，以及更新系统状态。

（2）Follower 负责处理客户端的非事务性请求（读操作），如果接收到客户端发来的事务性请求，那么会转发给 Leader 处理，同时还在 Leader 选举过程中参与投票。

（3）Observer 负责观察 ZooKeeper 集群的最新状态，并且对这些状态进行同步。对于非事务性请求可以进行独立处理；对于事务性请求，将会转发给 Leader 处理。

2. ZooKeeper 选举机制的相关概念

ZooKeeper 为了保证各节点协同工作，设置了一个 Leader 角色。ZooKeeper 默认采用 FastLeaderElection 算法，且投票数大于半数则胜出的机制。

（1）服务器 ID。

服务器 ID 是在配置集群时设置的 myid 参数文件，参数分别表示服务器 1、服务器 2 和服务器 3 等，编号越大，在 FastLeaderElection 算法中的权重越大。

（2）选举状态。

在选举过程中，ZooKeeper 服务器有 4 种状态，分别为竞选状态（Looking）、随从状态（Following，同步 Leader 状态，参与投票）、观察状态（Observing，同步 Leader 状态，不参与投票）和领导者状态（Leading）。

（3）数据 ID。

这是服务器中存放的最新数据的版本号，该值越大说明数据越新，在选举过程中的权重就越大。

（4）逻辑时钟。

逻辑时钟被称为投票次数。同一轮投票过程中的逻辑时钟值是相同的，逻辑时钟起始值为 0，每投完一次票，逻辑时钟值便会增加。逻辑时钟与接收到其他服务器返回的投票信息中的数值相比较，根据不同的值做出判断，如果某台机器宕机，那么这台机器不会参与投票，逻辑时钟值便会比其他的低。

3. ZooKeeper 选举机制的类型

（1）全新集群选举。

假设有 5 台编号分别为 1、2、3、4、5 的服务器，全新集群选举过程如下：

步骤 1：服务器 1 启动，先给自己投票；然后发投票信息，由于其他机器还没有启动，因此它无法接收投票的反馈信息，也就是说服务器 1 的状态一直处于竞选状态。

步骤 2：服务器 2 启动，先给自己投票；然后在集群中启动 ZooKeeper 服务的机器发起投票对比，并与服务器 1 交换结果，因为服务器 2 编号大，所以服务器 2 胜出，服务器 1 会将票投给服务器 2，此时服务器 2 的票数并没有大于集群半数，两个服务器的状态依旧处于竞选状态。

步骤 3：服务器 3 启动，先给自己投票；然后与之前启动的服务器 1、2 交换信息，因为服务器 3 的编号最大，所以服务器 3 胜出，服务器 1、2 会将票投给服务器 3，此时票数正好大于半数，因此服务器 3 成为领导者状态，服务器 1、2 成为追随者。

步骤 4：服务器 4 启动，先给自己投票；然后与之前启动的服务器 1、2、3 交换信息，尽管服务器 4 的编号大，但是因为服务器 3 已经胜出，所以服务器 4 只能成为追随者。

步骤 5：服务器 5 启动，同服务器 4 一样，成为追随者。

（2）非全新集群选举。

步骤1：统计逻辑时钟EPOCH是否相同，逻辑时钟小，则说明途中可能存在宕机问题，因此数据不完整，那么该选举结果被忽略，重新投票选举。

步骤2：统一逻辑时钟后，对比数据ID值（ZXID），数据ID反应数据的新旧程度，因此数据ID大的胜出。

步骤3：如果逻辑时钟和数据ID都相同，那么比较服务器ID（SID，编号），值大者胜出。

假设ZooKeeper由5台服务器组成，SID分别为1、2、3、4、5，ZXID分别为8、8、8、7、7，并且此时SID为3的服务器是Leader。某一时刻，3和5服务器出现故障，于是开始进行Leader选举。SID为1、2、4的机器的投票情况为（1，8，1）（1，8，2）（1，7，4），对应（EPOCH，ZXID，SID）。因为EPOCH相同，所以再比较ZXID，8比7大，前两个胜出。最后比较SID，2比1大，因此SID为2的服务器当选为新的Leader。

4. ZooKeeper分布式集群部署

ZooKeeper分布式集群部署指的是ZooKeeper分布式模式安装。ZooKeeper集群搭建通常是由$2n+1$台服务器组成的，这是为了保证Leader选举能够获得半数以上服务器选举支持，因此ZooKeeper集群的节点数量为奇数。本教材搭建的ZooKeeper集群包括3个节点，集群规划见表2－4。

表2－4　ZooKeeper集群规划

IP地址	主机名	集群服务器编号
192.168.128.131	Slave1	1
192.168.128.132	Slave2	2
192.168.128.133	Slave3	3

（1）ZooKeeper安装包的下载与安装。

ZooKeeper集群的运行需要Java环境支持，所以需要提前安装JDK 1.8。从ZooKeeper官网下载ZooKeeper安装包，选择版本ZooKeeper 3.8.3。将下载好的ZooKeeper安装包上传至slave1节点的/export/software目录下。

进入安装包目录：

```
[root@slave1 ~]#cd /export/software
```

解压安装包apache-zookeeper-3.8.3-bin.tar.gz至/export/servers目录下，并重命名为zookeeper。

```
[root@slave1 software]#tar -zxvf apache-zookeeper-3.8.3-bin.tar.gz -C /export/servers
[root@slave1 servers]#mv apache-zookeeper-3.8.3 zookeeper
```

（2）ZooKeeper 的相关配置。

1）修改 ZooKeeper 的配置文件。进入 ZooKeeper 解压目录的 conf 目录下，复制 zoo_sample.cfg 配置文件并重命名为 zoo.cfg。

```
[root@slave1 ~]#cd /export/servers/zookeeper/conf/
[root@slave1 conf]#cp zoo_sample.cfg zoo.cfg
```

2）修改配置文件 zoo.cfg，分别设置 dataDir 目录，配置服务器编号与主机名映射关系，设置与主机连接的通信端口（心跳端口）和选举端口。

注：原文件中部分参数同下面的内容重复，需要注释或删除原有参数。

```
[root@slave1 conf]#vim zoo.cfg

# 配置数据文件目录和数据持久化路径
dataDir=/export/servers/zookeeper/zkData
clientPort=2181
tickTime=2000
initLimit=5
syncLimit=2
# 配置 ZooKeeper 集群的服务器编号及对应的主机名、选举端口号和通信端口号
server.1=slave1:2888:3888
server.2=slave2:2888:3888
server.3=slave3:2888:3888
```

3）在 slave1 节点上执行。

```
[root@slave1 ~]#scp -r /export/servers/zookeeper slave2: /export/servers/
[root@slave1 ~]#scp -r /export/servers/zookeeper slave3: /export/servers/
```

4）在各个子节点新建文件夹。

```
[root@slave1 ~]#mkdir -p /export/servers/zookeeper/zkData
[root@slave2 ~]#mkdir -p /export/servers/zookeeper/zkData
[root@slave2 ~]#mkdir -p /export/servers/zookeeper/zkData
```

在 slave1 的 /export/servers/zookeeper/zkData 目录下新建文件 myid，内容为 1。

在 slave2 的 /export/servers/zookeeper/zkData 目录下新建文件 myid，内容为 2。

在 slave3 的 /export/servers/zookeeper/zkData 目录下新建文件 myid，内容为 3。

5）在各个子节点的 /etc/profile 中配置环境变量。

```
[root@slave1 ~]#vim /etc/profile
[root@slave2 ~]#vim /etc/profile
[root@slave2 ~]#vim /etc/profile

export ZK_HOME =/export/servers/zookeeper
export PATH=$PATH:$ZK_HOME/bin
```

修改 source/etc/profile 使其生效。

6）启动和关闭 ZooKeeper 服务。

若能够成功启动和关闭，则表示 ZooKeeper 集群部署成功。

依次在 slave1、slave2、slave3 服务器上启动 ZooKeeper 服务。以在 slave1 节点上启动 ZooKeeper 服务为例，查看该节点 ZooKeeper 服务的状态及角色，如图 2－41 所示。

```
[root@slave1 bin]#zkServer.sh start
[root@slave1 bin]#zkServer.sh status
```

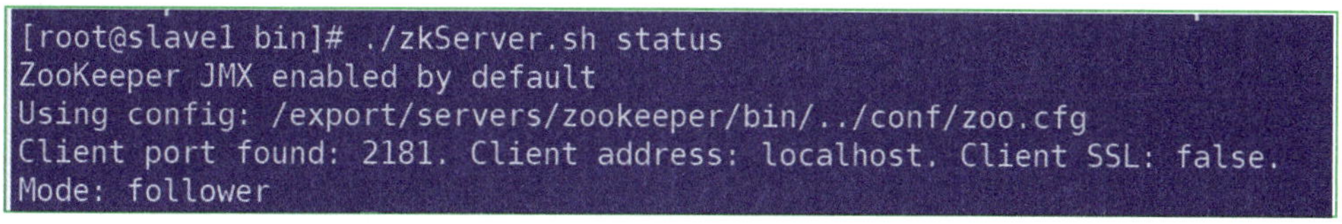

图 2－41　完全分布式 ZooKeeper 服务的状态及角色

依次在 slave1、slave2 和 slave3 节点上执行关闭集群命令即可关闭 ZooKeeper 服务。

```
[root@slave1 bin]#zkServer.sh stop
```

2.4.3　完全分布式 HBase 部署

HBase 的运行模式中，伪分布式和完全分布式使用 HDFS 文件系统，属于主从模式，一个 Master 节点，多个 Slave 节点。在实际工作环境中，需要配置完全分布式，将所有的进程分布在不同主机的 JVM 上。下面主要介绍 HBase 的完全分布式部署。

HBase 集群一般由一个 HMaster 节点和多个 HRegionServer 节点组成，由于 ZooKeeper 使用分布式集群，因此需要将 HBase 自带的 ZooKeeper 进行屏蔽。

HBase 集群的运行需要 Java 及 Hadoop 环境支持，需要提前安装 JDK 1.8 和 Hadoop3.1.3（使用 2.4.1 节中部署的分布式集群）。HBase 集群规划见表 2－2。

1. HBase 安装包的下载与安装

从 HBase 的官网下载 HBase 安装包（HBase 2.4.6），将下载的 HBase 安装包上传至 Linux 系统的 /export/software 目录下。

进入 /export/software 目录，解压安装包 HBase-2.4.6-bin.tar.gz 至 /export/servers 目录下，并重命名为 hbase。

```
[root@master ~]#cd /export/software
[root@master software]#tar -zxvf HBase-2.4.6-bin.tar.gz -C /export/servers
[root@master software]#cd /export/servers
[root@master servers]#mv HBase-2.4.6 hbase
```

2. HBase 相关配置

HBase 配置需要添加环境变量和修改 HBase 配置参数，需要修改的配置文件如图 2－42 所示。4 台节点的安装配置一样，下面以 master 节点的配置为例介绍详细配置过程。

```
[root@master conf]# ls
hadoop-metrics2-hbase.properties  hbase-env.cmd  hbase-env.sh  hbase-policy.xml  hbase-site.xml  log4j-hbtop.properties  log4j.properties  regionservers
```

图 2－42　HBase 配置文件

（1）编辑 hbase-env.sh 并添加以下内容：

```
[root@master ~]#cd /export/servers/hbase/conf/
[root@master conf]#vim hbase-env.sh

export HBASE_CLASSPATH=/export/servers/hadoop/etc/hadoop
export JAVA_HOME=/export/servers/jdk
export HBASE_MANAGES_ZK=false
```

HBASE_MANAGES_ZK 的值为 false，表示使用手动安装的 ZooKeeper 集群，而不是 HBase 自带的 ZooKeeper 集群。HBase 将 ZooKeeper 当作自身的一部分启动和关闭进程。

（2）编辑配置文件 hbase-site.xml 并添加以下内容：

```
[root@master conf]#vim hbase-env.sh

<configuration>
        <property>
                <name>hbase.rootdir</name>
                <value>hdfs://master:8020/hbase</value>
```

```
    </property>
    <property>
        <name>hbase.master</name>
        <value>master</value>
    </property>
    <property>
        <name>hbase.cluster.distributed</name>
        <value>true</value>
    </property>
    <property>
        <name>hbase.zookeeper.property.clientPort</name>
        <value>2181</value>
    </property>
    <property>
        <name>hbase.zookeeper.quorum</name>
        <value>slave1,slave2,slave3</value>
    </property>
    <property>
        <name>zookeeper.session.timeout</name>
        <value>60000000</value>
    </property>
    <property>
        <name>dfs.support.append</name>
        <value>true</value>
    </property>
    <property>
        <name>hbase.unsafe.stream.capability.enforce</name>
        <value>false</value>
    </property>
</configuration>
```

（3）编辑配置文件 regionservers 并添加以下内容：

```
[root@master conf]#vim regionservers

slave1
slave2
slave3
```

（4）编辑 /etc/profile，添加 HBase 环境变量。

```
[root@master ~]#vim /etc/profile


#hbase
export HBASE_HOME=/export/servers/hbase
export PATH=$PATH:$HBASE_HOME/bin
```

（5）分发 HBase 相关配置文件至其他节点，依次使用 source/etc/profile 刷新 3 个节点上的 profile 配置文件，使得环境变量生效。

```
[root@master ~]#scp -r /export/servers/hbase slave1: /export/servers/
[root@master ~]#scp -r /export/servers/hbase slave2: /export/servers/
[root@master ~]#scp -r /export/servers/hbase slave3: /export/servers/
[root@master ~]#scp -r /etc/profile slave1: /etc/profile
[root@master ~]#scp -r /etc/profile slave2: /etc/profile
[root@master ~]#scp -r /etc/profile slave3: /etc/profile
```

（6）启动和关闭 HBase 服务。

启动 HBase 服务。先启动 Hadoop 集群和 ZooKeeper 集群，等待 Hadoop 集群和 ZooKeeper 集群均启动完成后，再使用以下命令启动 HBase 集群。

```
[root@master ~]#start-hbase.sh
```

启动后，输入 jps 命令查看各节点的进程，主节点的进程为 HMaster，如图 2－43 所示；从节点的进程为 HRegionServer，如图 2－44 所示。

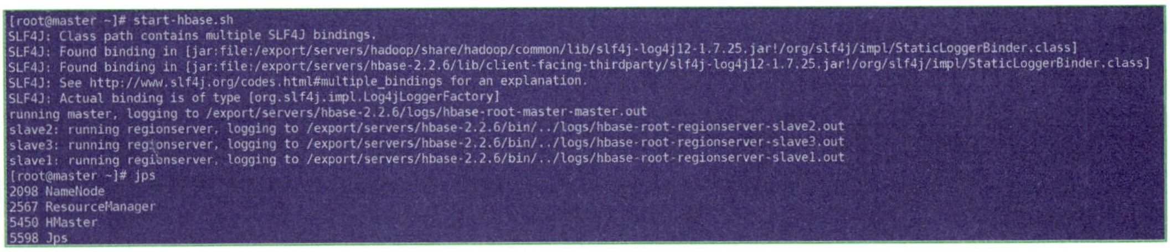

```
[root@master ~]# start-hbase.sh
SLF4J: Class path contains multiple SLF4J bindings.
SLF4J: Found binding in [jar:file:/export/servers/hadoop/share/hadoop/common/lib/slf4j-log4j12-1.7.25.jar!/org/slf4j/impl/StaticLoggerBinder.class]
SLF4J: Found binding in [jar:file:/export/servers/hbase-2.2.6/lib/client-facing-thirdparty/slf4j-log4j12-1.7.25.jar!/org/slf4j/impl/StaticLoggerBinder.class]
SLF4J: See http://www.slf4j.org/codes.html#multiple_bindings for an explanation.
SLF4J: Actual binding is of type [org.slf4j.impl.Log4jLoggerFactory]
running master, logging to /export/servers/hbase-2.2.6/logs/hbase-root-master-master.out
slave2: running regionserver, logging to /export/servers/hbase-2.2.6/bin/../logs/hbase-root-regionserver-slave2.out
slave3: running regionserver, logging to /export/servers/hbase-2.2.6/bin/../logs/hbase-root-regionserver-slave3.out
slave1: running regionserver, logging to /export/servers/hbase-2.2.6/bin/../logs/hbase-root-regionserver-slave1.out
[root@master ~]# jps
2098 NameNode
2567 ResourceManager
5450 HMaster
5598 Jps
```

图 2－43　主节点的进程

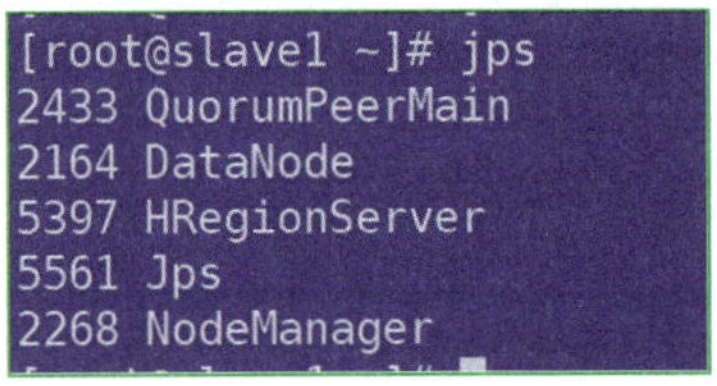

```
[root@slave1 ~]# jps
2433 QuorumPeerMain
2164 DataNode
5397 HRegionServer
5561 Jps
2268 NodeManager
```

图 2－44　从节点的进程

启动成功后，可通过浏览器输入网址 http://master:16010，进入 HBase 的 UI 界面，如图 2－45 所示。

图 2－45　HBase UI 界面

最后关闭 HBase 服务。

```
[root@master ~]#stop-hbase.sh
```

单元小结

本单元首先介绍了 HBase 的概念、特点和应用场景，以及 HBase 与传统关系型数据库的区别；然后讲解了 HBase 的单机部署，以及更复杂的伪分布式部署，单机部署只有一个主节点进程，使用本地文件系统，相对比较简单，一般只用于测试；最后讲解了 HBase 的完全分布式部署，伪分布式部署和完全分布式部署基于 HDFS 文件系统，既有主节点又有从节点，需要先部署好 Hadoop 集群和 Zookeeper 集群，然后才能启动 HBase 集群。

练习题

1. 单项选择题

（1）HBase 依靠（　　）存储底层数据。

A.HDFS　　B.Hadoop

C.Memory　　D.MapReduce

（2）HBase 依赖（　　）提供消息通信机制。

A.Zookeeper　　B.Chubby

C.RPC　　D.Socket

（3）HBase 依赖（　　）提供强大的计算能力。

A.Zookeeper　　B.Chubby

C.RPC　　D.MapReduce

（4）HBase 伪分布式模式要有（　　）节点。

A.1 个　　B.2 个

C.3 个　　D. 最少 3 个

（5）HBase 分布式模式最好有（　　）节点。

A.1 个　　B.2 个

C.3 个　　D. 最少 3 个

（6）解压 .tar.gz 结尾的 HBase 压缩包，使用的 Linux 命令是（　　）。

A.tar -zxvf　　B.tar -zx

C.tar -s　　D.tar -nf

2. 多项选择题

（1）以下对 HBase 的描述，正确的是（　　）。

A. 不是开源的　　B. 是面向列的

C. 是分布式的　　D. 是一种 NoSQL 数据库

（2）HBase 的特征包括（　　）。

A. 高可靠性　　B. 高性能

C. 面向列　　D. 可伸缩

（3）安装 HBase 前必须安装（　　）。

A. 操作系统　　B.JDK

C.Shell Script　　D.Java Code

单元 3

HBase 的原理与架构

学习导读

HBase 良好的分布式架构设计为海量数据的快速存储、随机访问提供了可能，基于数据副本机制和分区机制可以轻松实现在线扩容、缩容和数据容灾，是大数据领域中 Key-Value 数据结构存储最常用的数据库方案之一。HBase 可以通过分布式集群读写海量数据，这是传统数据库很难实现的。

本单元主要介绍 HBase 的数据模型、架构和读写流程。

素养提升

HBase 是分布式数据库，核心组件分工明确，通过集群协调管理各分支组件，既能提高存取质量，又能提高存取速度，充分体现了协作的力量。在学习和工作中，我们会遇到很多需要团队协作的场景，一个团队就像一部巨大的机器，大家各尽所能，才能运转自如。因此，大家平时要注重培养自己的团队协作能力和沟通表达能力。

学习目标

（1）掌握 HBase 数据模型及核心知识。

（2）理解 HBase 架构的原理。

（3）理解 HBase 的读写流程。

3.1 HBase 的模型

本节主要讲解 HBase 的模型，以及 HBase 表的行键、列族、列标识、单元格的概念等知识。

3.1.1 HBase 的逻辑模型

HBase 中最基本的单位是列，一列或者多列构成了行。行有行键（Row Key），每一行的行键都是唯一的，对相同行键的插入操作被认为是对同一行的操作，多次插入操作其实就是对该行数据的更新操作。

HBase 中的一个表有若干行，每行有很多列，列中的值可以有多个版本，每个版本的值称为一个单元格，每个单元格存储的是该列不同时间的值。HBase 表的逻辑模型如图 3－1 所示。

RowKey	TimeStamp	contents:html	anchor:cnnsi.com	anchor:my.lock.ca
com.cnn.www	t1	hadoop	CNN	
com.cnn.www	t2	spark		CNN.com
com.cnn.www	t3	flink		

图 3－1　HBase 表的逻辑模型

从图 3－1 可以看出，HBase 表包含两类列族（Column Family）：anchor 和 contents。列族 anchor 有两个列（anchor:cnnsi.com 和 anchor:my.lock.ca），列族 contents 仅有一个列（contents:html）。其中，列名由列族和列限定符（Column Qualifier）连接而成，分隔符是英文冒号。例如，列 anchor:my.lock.ca 由列族 anchor 和列限定符 my.lock.ca 组成。所以在提到 HBase 列时应该使用的方式是“列族＋列限定符”。

另外，从图 3－1 可以看出，在 HBase 表的逻辑模型中，所有的列族和列都紧凑地挨在一起，并没有展示物理存储结构。该逻辑视图可以让读者更好地、更直观地理解 HBase 的数据模型，但它并不是实际数据存储的形式。

3.1.2 HBase 的数据模型

HBase 实际上是一个稀疏、多维、持久化存储的映射表，采用行键（Row Key）、列族（Column Family）、列限定符（Column Qualifier）和时间戳（Timestamp）进行索引，每个值都由未经解释的字节组成 byte[]，没有数据类型。

用户在表中存储数据，每一行都有一个可排序的行键和任意多的列。列族支持动态扩展，用户可以很轻松地添加一个列族或列，无须预先定义列的数量和类型，所有列均以字符串形式存储，用户需要自行进行数据类型转换。由于同一张表里的每一行数据都可以有截然不同的列，对于整个映射表的每行数据而言，有些列的值可以是空的，因此 HBase 是稀疏的。

在 HBase 中执行更新操作时，会生成一个新的版本，旧的版本仍然保留，HBase 可以对允许保留的版本的数量进行设置。数据在存储时是按照时间戳排序的，客户端可以选择获取距离某个时间最近的版本，或一次获取所有版本。如果在查询时不提供时间戳，那么会返回距离现在最近的版本的数据。HBase 提供了两种数据版本回收方式：一是保存数据的最后 n 个版本；二是保存最近一段时间内的版本（如最近 7 天）。

理解 HBase 数据模型非常重要，因为数据模型的设计水平将直接影响业务查询性能。HBase 数据模型的基本概念如下：

1. 表

HBase 是一种列式存储的分布式数据库，其核心概念是表（Table）。与传统关系型数据库一样，HBase 的表也是由行和列组成的，但 HBase 的同一列可以存储不同时刻的值，多个列可以组成一个列族（Column Family），这种组织形式主要是出于对 HBase 存取性能的考虑。

2. 行键

每个 HBase 表中只能有一个行键，类似于主键。由于 Row Key 是 HBase 表的唯一标识，HBase 表中的记录是按照 Row Key 的字典序排列的，因此，Row Key 的设计非常重要。在 HBase 中，为了高效地检索数据，需要设计良好的 Row Key 来提高查询性能。因为 Row Key 会被冗余存储，所以长度不宜过长，否则既会占用大量的存储空间，又会降低检索效率。Row Key 应该尽量均匀分布，避免产生热点问题（即大量用户访问集中在一个或极少数节点，导致单台节点超出自身承受能力）。另外，还需要保证 Row Key 的唯一性。

数据的存储规则是相近的数据存储在一起。例如，Row Key 的格式为 www.cqyti.com、sxy.cqyti.com、dsj.cqyti.com 和 zngc.cqyti.com 的网站名称时，可以对网站名称反转后再进行存储，反转后为 com.cqyti.www、com.cqyti.sxy、com.cqyti.dsj 和 com.cqyti.zngc。这样，所有 com.cqyti 域名将会存储在一起，避免子域名（即 www、sxy、dsj、zngc）分散在各处。

3. 列族

HBase 表中的每个列都归属于某个列族，一个列族中的所有列成员有着相同的前缀。例如，列 anchor:cnnsi.com 和 anchor:my.look.ca 都是列族 anchor 的成员。列族是表的 schema 的一部分，必须在使用表之前定义列族，但列却不是必需的，写数据的时候可以动态加入。一般将经常一起查询的列放在一个列族中，合理划分列族将减少查询时加载到缓存的数据，提高查询效率。由于跨列族访问非常低效，因此不应有太多的列族。

4. 单元格

HBase 中通过 Row Key 和 Column 确定的存储单元称为单元格（Cell）。每个单元格都保存着同一份数据的多个版本。

5. 时间戳

在 HBase 表中，通过行键、列族和列名确定一个单元格。单元格中存储的数据没有数据类型，被视为 byte[] 字节数组。单元格中保存的数据的每个版本对应一个不同的时间戳，每次对一个单元格执行操作（新建、修改、删除）时，HBase 都将隐式地自动生成并存储一个时间戳。

时间戳一般是 64 位整型数据，可以由用户自己赋值（自己生成唯一时间戳可以避免应用程序中出现数据版本冲突），也可以由 HBase 在数据写入时自动赋值。一个单元格的不同版本根据时间戳进行降序存储。因此，最新版本的数据可以被优先读取，通常将记录每次操作数据的时间戳记作数据的版本号。

3.1.3 HBase 的物理模型

虽然在逻辑模型中，表可以被看作一个稀疏的行集合，但在物理层面，表是按列族分开存储的。HBase 的列是按列族分组的，HFile 是面向列的物理文件，可以存放行的不同列，一个列族的数据存放在多个 HFile 中，最重要的是一个列族的数据会被同一个 Region 管理，物理上存放在一起。列族 contents 的物理模型见表 3－1，列族 anchor 的物理模型见表 3－2。

表 3－1　列族 contents 的物理模型

Row Key	TimeStamp	ColumnFamily "contents"
"com.cn.www"	t6	contents:html="<html>…"
"com.cn.www"	t5	contents:html="<html>…"
"com.cn.www"	t3	contents:html="<html>…"

表 3－2　列族 anchor 的物理模型

Row Key	TimeStamp	ColumnFamily "anchor"
"com.cn.www"	t9	anchor:cnnsi.com="CNN"
"com.cn.www"	t8	anchor:my.look.com="CNN.com"

HBase 表中的所有行都按照 Row Key 的字典序排列，在行的方向上分割为多个 Region。Region 是 HBase 数据管理的基本单位，数据移动、数据的负载均衡及数据的分裂都是以 Region 为单位来进行的。Region 的切分方式如图 3-2 所示。

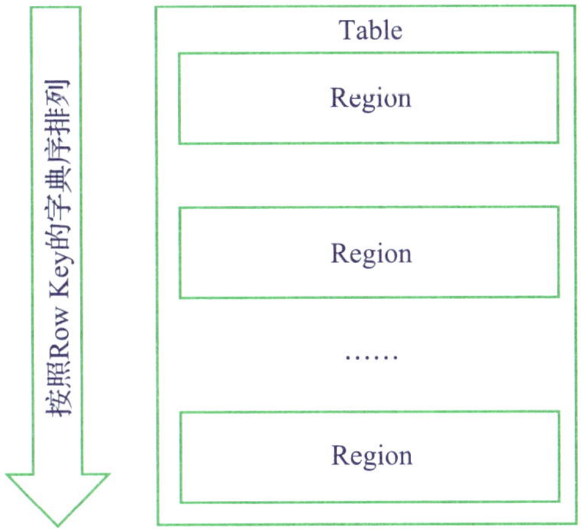

图 3-2　Region 的切分方式

HBase 的表默认最初只有一个 Region，随着记录数不断增加而变大后，会逐渐分裂成多个 Region，每个 Region 根据 [startkey，endkey] 的范围来划分，不同的 Region 会被 Master 分配给相应的 RegionServer 进行管理。

Region 是 HBase 中分布式存储和负载均衡的最小单元。Region 负载均衡如图 3-3 所示。

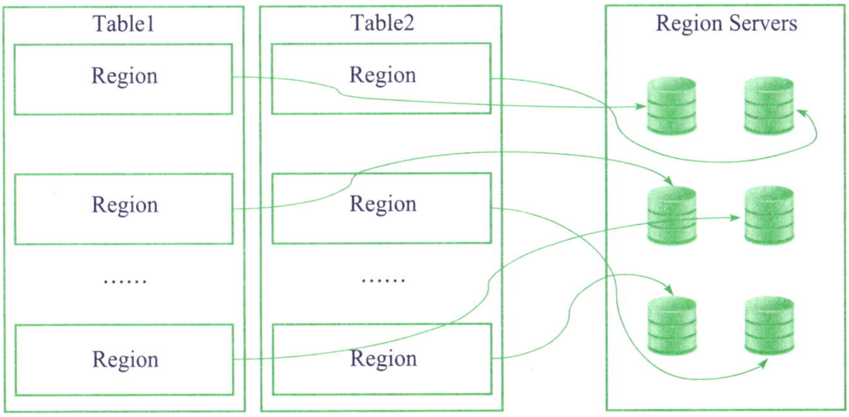

图 3-3　Region 负载均衡

Region 虽然是 HBase 中分布式存储的最小单元，但并不是存储的最小单元。Region 由一个或多个 Store 组成，每个 Store 保存一个 Column Family。每个 Store 又由一个 MemStore 和零至多个 StoreFile 组成。MemStore 代表写缓存，StoreFile 存储在

HDFS 之上。Region 的组成结构如图 3－4 所示。

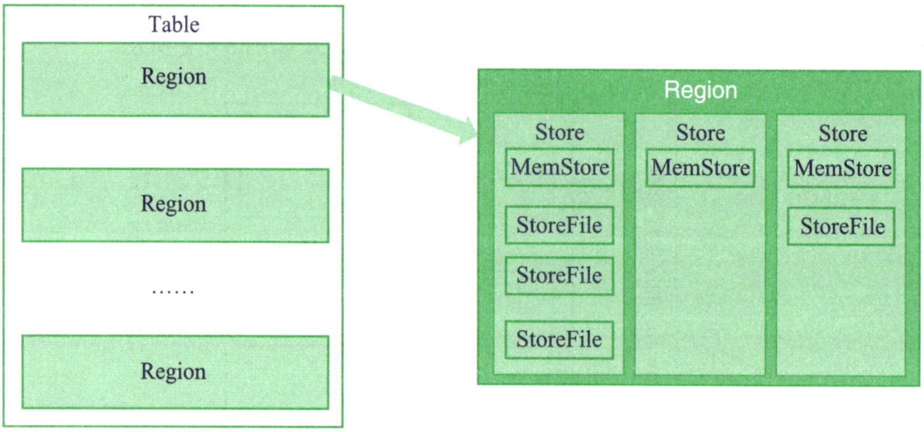

图 3－4　Region 的组成结构

3.2　HBase 的架构

本节主要介绍 HBase 的基本架构，包括 HBase 的主从系统架构以及 ZooKeeper、HMaster、HRegionServer 等核心组件在架构中的作用。

3.2.1　HBase 的系统架构

HBase 采用 Master/Slave 架构搭建集群，属于 Hadoop 生态系统的组件。HBase 的系统架构如图 3－5 所示，由 Client（客户端）、HMaster（主节点）、HRegionServer（从节点）、ZooKeeper（协调服务模块）等部分组成，并将数据存储于 HDFS 中。

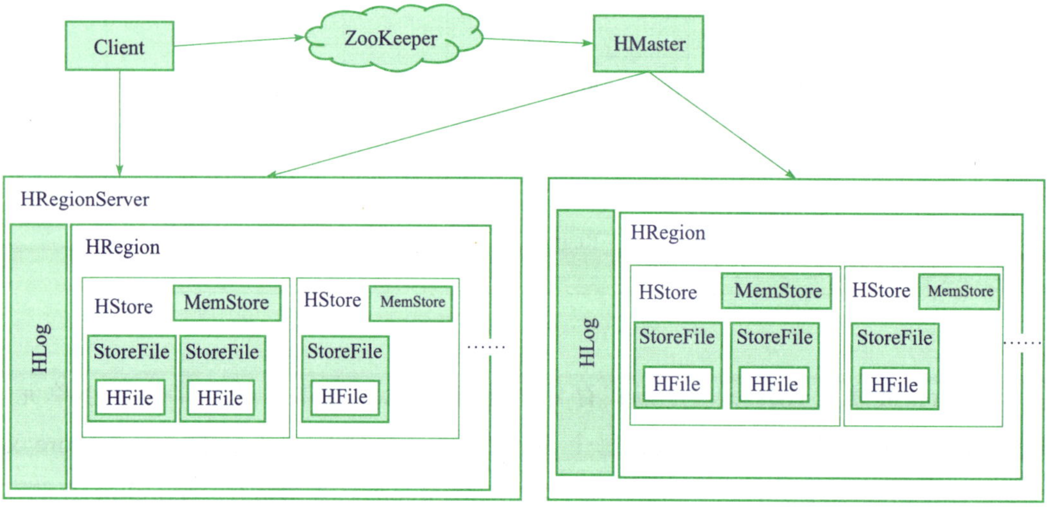

图 3－5　HBase 的系统架构

3.2.2 HBase 的核心组件

1. Client

Client 是整个 HBase 系统的入口，可以通过 Client 直接操作 HBase。Client 使用 HBase 的远程过程调用协议（Remote Procedure Call Protocol，RPC）机制与 HMaster 和 HRegionServer 进行通信。对于管理类操作，Client 与 HMaster 进行 RPC 通信；对于数据读写类操作，Client 与 HRegionServer 进行 RPC 通信。HBase 有很多种客户端模式，除了 Java 客户端外，还有 Thrift、Avro、Rest 等客户端模式。

2. ZooKeeper

分布式 HBase 依赖于 ZooKeeper 集群，所有节点和客户端必须能够正常访问 ZooKeeper。HBase 默认管理一个单点的 ZooKeeper 集群，HBase 可以将 ZooKeeper 当作自身的一部分来启动和关闭进程。ZooKeeper 也可以直接使用本地配置文件 zoo.cfg，不依赖 HBase 实现启动与关闭，独立运行。HBase 的 RegionServer 会注册 ZooKeeper，提供 HBase 的 RegionServer 的状态信息。HMaster 启动时将 HBase 系统表加载至 ZooKeeper，通过 ZooKeeper 可以获取当前系统表元数据所对应的 HRegionServer 信息。

3. HMaster

HBase 中可以启动多个 HMaster，通过 ZooKeeper 的 Master 选举机制保证总有一个 HMaster 在运行。HMaster 管理 HRegionServer 的负载均衡，调整 HRegion 的分布。例如，在 Region 分片后，HMaster 负责将 HRegion 分配至 HRegionServer；在 HRegionServer 宕机后，HMaster 会将 HRegionServer 内的 HRegion 迁移至其他 HRegionServer 上。

4. HRegionServer

HRegionServer 主要负责响应用户的 I/O 请求，在 HDFS 文件系统中读写数据，是 HBase 的核心模块。HRegionServer 内部管理了一系列 HRegion，HRegion 对应 Table 中的一个 Region，HRegion 由多个 HStore 组成。每个 HStore 对应 HBase 表中的一个 Column Family 的存储，一个 Column Family 指一个集中的存储单元，因此最好将具备共同 I/O 特性的列放在一个 Column Family 中，以提高查询效率。

HStore 存储是 HBase 存储的核心，由两部分组成：一部分是 MemStore 缓冲区；另一部分是 StoreFile 文件。用户写入的数据首先会放入 MemStore，当 MemStore 存满之后会刷新成一个 StoreFile（底层实现是 HFile）；当 StoreFile 文件数量增长到一定阈值时，将触发 Compact 合并操作，将多个 StoreFile 合并为一个 StoreFile，合并过程中会进行版本合并和数据删除。可以看出 HBase 其实只会增加数据，所有的更新和删除操作都是在后续的 Compact 过程中进行的，这使得用户的写操作只要进入内存中便可立即返回，保证了 HBase I/O 的高性能。

当单个 StoreFile 大小超过一定阈值后，会触发 Split 分割操作，把当前 Region 分割为两个 Region，父 Region 将下线，新分割出的两个子 Region 会被 HMaster 分配到相应的 HRegionServer 上，将原先一个 Region 承担的压力分流至两个 Region 上。

实际的存储文件功能是由 HFile 实现的。创建 HFile 的目的就是有效存储 HBase 数据。HFile 是基于 Hadoop 的 TFile 类，并模仿 Google 的 Big Table 架构使用 S.Table 格式。

5. HLog

Write-Ahead-Log（WAL，预写日志）是 HBase 的 HRegionServer 在处理数据插入和删除过程中用于记录操作内容的一种日志形式。大致过程如下：客户端启动一个操作来修改数据，每一处改动都被包装进 KeyValue 对象实例中，使用远程调用发送到 ReginoServer 对应这次改动的 Region 中。

数据在 HRegionServer 中首先被写入 WAL，再被写入 MemStore，最后当 MemStore 达到一定的大小或到达指定的时刻之后，数据被异步地持久化到文件系统上。在这之前，数据是存储在内存中的，如果 HRegionServer 崩溃了，那么内存的数据就没有了。而如果有 WAL，便可恢复数据。

每个 HRegionServer 中都有一个 HLog 对象。HLog 是一个实现 WAL 的类，在每次用户操作写入 MemStore 的同时，也会写一份数据到 HLog 文件中，HLog 文件会定期滚动出新的文件，并删除旧的文件（已持久化到 StoreFile 中的数据）。

当 HRegionServer 意外终止后，HMaster 会通过 ZooKeeper 感知，HMaster 首先会处理遗留的 HLog 文件，将其中不同 Region 的 Log 数据进行拆分，分别放到相应的 Region 目录下，再将失效的 Region 重新分配给 HRegionServer。HRegionServer 在加载 Region 的过程中，将发现有历史 HLog 需要处理，因此会重置 HLog 中的数据到 MemStore 中，最后刷新至 StoreFile 文件中完成数据恢复。

3.3 HBase 的读写流程

对 HBase 进行读写操作时，要明确客户端需要操作的 Region 的所在位置，即 Region 存在哪个 HRegionServer 上，可以查询 HBase 中的元数据表（.meta. 表）。元数据表属于 HBase 的内置表，专门存储表的元数据信息以及 Region 的位置。.meta. 表的结构见表 3－3。

表 3－3 .meta. 表的结构

Row Key	Info			Historian
	Regioninfo	Server	Serverstartcode	
TableName,StartKey,TimeStamp	StartKey,EndKey,Family List {Family,BloomFilter,Compress,TTL,InMemory,BlockSize,BlockCache}	Region 的 Regionserver 地址	服务开始的 TimeStamp	Region 操作

由表 3－3 可知，.meta. 表的 Row Key 由 3 部分组成：TableName（表名）、StartKey（起始键）和 TimeStamp（时间戳）。将组成 Row Key 的 3 个部分用逗号分隔并连接即可组成完整的 Row Key。其中，TimeStamp 使用十进制的数字字符串表示。

.meta. 表的 Info 是最主要的列族，含有 3 个列信息，包括 Regioninfo、Server、Serverstartcode。Regioninfo 存储的是 Region 的详细信息，包括 StartKey、EndKey 和每个 Family 信息。Server 存储的是管理该 Region 的 Regionserver 地址。Serverstartcode 存储 RegionServer 开始托管该 Region 的时间。

.meta. 表的 Historian 用来追踪记录一些 Region 操作，如 open、close、compact 等，该功能一般被禁用。

.meta. 存储的是 Region 的信息，当 HBase 中表的数据非常大时，会被分成很多个 Region，此时 Region 信息在 .meta. 表中所占的空间也会变大。而 .meta. 本身也是一张表，在存储的数据非常大的情况下，也会被分割成多个 Region 存储于不同的 Regionserver 上。此时，要想把 .meta. 表的 Region 位置信息存储在 ZooKeeper 集群中，就不太现实，这是因为 .meta. 表的 Region 的位置信息是会发生变化的。因此，可以通过另外一张表存储 .meta. 表的元数据信息，即根数据表（-ROOT- 表）。-ROOT- 表中只有一个 Region，这个 Region 的信息存储在 HBase 中，而管理 -ROOT- 表的位置信息（Regionserver 地址）存储在 ZooKeeper 中。

如果需要对 HBase 进行读写，那么首先要访问 ZooKeeper 集群，获得 -ROOT- 表的 Region 所在 Regionserver 地址信息，-ROOT- 表的结构和 .meta. 表类似，具体见表 3－4。

表 3－4 -ROOT- 表的结构

Row Key	Info			Historian
	Regioninfo	Server	Serverstartcode	
.META. Tbale1,0,12345678,12657843		RS1		
.META. Tbale2,30000,12348765,12438675		RS2		

3.3.1 HBase 的写流程

当用户向 HRegionServer 发起 HTable.put 请求，即写入数据请求时，系统会将请求交给对应的 HRegion 实例处理，具体流程如图 3－6 所示。

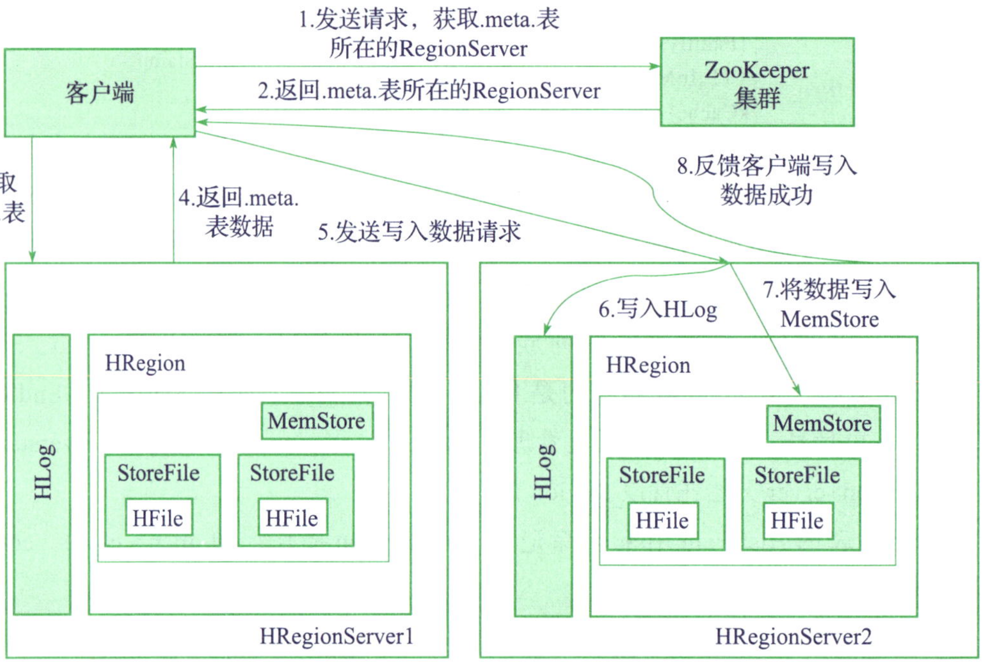

图 3－6　HBase 写流程

由图 3－6 可知，客户端访问 ZooKeeper 集群，查询 -ROOT- 表的 Region 所在的 RegionServer 地址信息。以 HRegionServer1 为例：客户端连接 HRegionServer1，访问 -ROOT- 表，根据写入信息查询 .meta. 表的 Region 所在的 RegionServer 地址信息，将得到的结果返回客户端。

客户端收到返回的地址信息后将连接相应的 RegionServer，并访问 .meta. 表，根据写入的命名空间、表名和行键找到对应的 Region 信息；为了达到持久化和恢复的目的，将数据先写入 HLog，再写入 MemStore，当 MemStore 达到预设阈值后，创建一个新的 MemStore。旧的 MemStore 会加入 Flush 队列，由单独的线程 Flush 至磁盘，形成一个 StoreFile。

同时，系统将在 ZooKeeper 集群中记录一个 CheckPoint（检查点），表示该时刻前的数据变更已经持久化了。当系统出现意外，可能导致 MemStore 中的数据丢失时，即可通过 HLog 恢复 CheckPoint 之后的数据；StoreFile 文件是只读的，一旦创建便不可修改，因此 HBase 的更新是不断追加的操作。

3.3.2 HBase 的读流程

当用户向 HRegionServer 发起读取数据请求时，系统会将请求交给对应的 HRegion 实例处理，具体流程如图 3－7 所示。

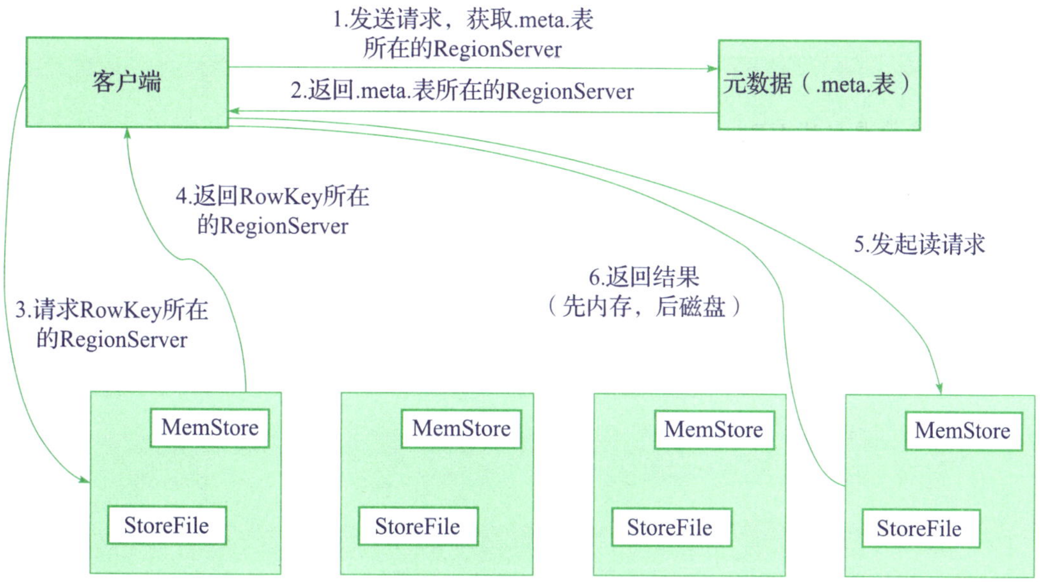

图 3－7 HBase 读流程

客户端访问 ZooKeeper 集群，查找元数据表在哪个 RegionServer 上，并访问对应的 RegionServer 的元数据表中的数据，查找要操作的 Row Key 所在表对应的 Region 所在的 RegionServer。随后，客户端读取 RegionServer 上的 Region 数据。

客户端定位到真正的数据所在的 Region 时，先从 MemStore 查找，如果没找到数据，但表设置了块缓存（BlockCache）功能（块缓存使用内存记录数据，适用于读取性能），那么再从块缓存查找；如果块缓存还没有，再从 StoreFile 查找，查找到数据的同时对数据进行缓存处理。

单元小结

本单元首先对 HBase 的模型进行了介绍，包括逻辑模型、数据模型、物理模型；然后讲解了 HBase 的架构，包括 HBase 的系统架构和核心组件，掌握 HBase 的架构有助于理解其读写流程；HBase 的读流程和写流程是客户端与 HBase 集群进行数据交互的详细过程。

练习题

（1）HBase 的核心组件有哪些？

（2）请简要描述 HBase 的读流程。

（3）请简要描述 HBase 的写流程。

单元 4

HBase Shell

学习导读

在大数据领域，HBase 是一个应用广泛的分布式、可伸缩的 NoSQL 数据库，具有快速的数据读写性能，适用于存储大规模的非结构化数据。HBase Shell 作为 HBase 的命令行工具，为 HBase 用户提供了一个强大的交互式环境，用于执行各种数据库操作。

本单元将介绍 HBase Shell 基本操作、数据定义语言、数据操纵语言。通过本单元的学习，同学们应掌握如何使用 HBase Shell 创建、删除和管理表，以及如何高效地插入、查询和删除数据。

素养提升

技术的进步与社会的发展密切相关，我们需要认真思考技术如何更好地服务于人类社会。在学习 HBase Shell 的过程中，我们应当关注技术的社会价值和积极作用。

首先，在数据管理方面，我们要重视数据安全和隐私保护问题，确保数据使用安全、合法。其次，在数据应用方面，我们应当积极推动技术创新，服务于社会经济的可持续发展，促进社会治理和民生改善。最后，我们还应当注重技术与人文社科的结合，关注技术发展对人类社会和个人生活的影响，引导广大技术人员为实现中华民族伟大复兴贡献力量。

学习目标

（1）了解 HBase Shell 的基本功能及进入方式，理解命名空间在 HBase 中的作用。

（2）掌握 HBase Shell 常用的基本命令，并能够熟练运用这些命令进行实际操作。

（3）了解 HBase Shell 中表的基本概念和结构，以及 DDL 中常用的命令和操作。

（4）理解 HBase Shell 中表的管理方式，以及列族的概念及其在 HBase Shell 中的管理方式。

（5）能够熟练使用 HBase Shell 中的 DDL 命令进行表的创建、修改和删除等操作，并能够根据实际需求进行表结构的优化和管理。

（6）了解 HBase Shell 中数据的基本操作，如 put、get、scan 等，以及 DML 的基本概念和原理。

（7）掌握条件和范围查询的原理和应用。

（8）能够熟练使用 HBase Shell 中的 DML 命令进行数据的插入、查询和删除等操作，并能够根据实际需求进行数据操作的优化，提高数据查询的效率和准确性。

4.1 HBase Shell 的基本操作

4.1.1 进入 HBase 客户端命令行

用户可以使用 HBase Shell 命令行与 HBase 数据库进行交互，HBase Shell 是一个封装了 Java API 的 JRuby 应用软件，在 HMaster 主机上输入 hbase shell 命令就可以进入 shell 命令环境，如图 4－1 所示。

```
tarena@tedu:/usr/local$ hbase shell
SLF4J: Class path contains multiple SLF4J bindings.
SLF4J: Found binding in [jar:file:/usr/local/hbase1.4.13/lib/slf4j-log4j12-1.7.2
5.jar!/org/slf4j/impl/StaticLoggerBinder.class]
SLF4J: Found binding in [jar:file:/usr/local/hadoop2.10/share/hadoop/common/lib/
slf4j-log4j12-1.7.25.jar!/org/slf4j/impl/StaticLoggerBinder.class]
SLF4J: See http://www.slf4j.org/codes.html#multiple_bindings for an explanation.
SLF4J: Actual binding is of type [org.slf4j.impl.Log4jLoggerFactory]
HBase Shell
Use "help" to get list of supported commands.
Use "exit" to quit this interactive shell.
Version 1.4.13, r38bf65a22b7e9320f07aeb27677e4533b9a77ef4, Sun Feb 23 02:06:36 P
ST 2020

hbase(main):001:0>
```

图 4－1 HBase 的 shell 环境

4.1.2 查看帮助命令

输入 help 可以查看可用的命令分组，使用 help ‘command-name’ 可以查看具体的命令帮助信息，注意这里的单引号是必须的，且语句结尾没有分号。在 general 分组中有一些通用命令，如 status 可以查看集群节点的状态，version 可以查看当前 HBase 的版本，processlist 可以查看当前运行的任务。如果要退出 shell 环境，可以使用 quit/exit 命令。

```
hbase hbasehbase :001:0> help
```

4.1.3 命名空间基本操作

命名空间（NameSpace）与关系型数据库系统中的数据库类似，是表的逻辑分组。对命名空间可以进行创建、删除、更改等操作。

创建一个名为 ns1 的命名空间，具体 shell 命令操作如下：

```
hbase(main):006:0> create_namespace 'ns1'
0 row(s) in 0.9890 seconds
```

查看所有的命名空间，shell 命令如下：

```
hbase(main):007:0> list_namespace
NAMESPACE
default
hbase
my1
ns1
4 row(s) in 0.0170 seconds
```

查看命名空间 ns1 中的所有表，shell 命令如下：

```
hbase(main):008:0> list_namespace_tables 'ns1'
TABLE
0 row(s) in 0.0110 seconds
```

查看命名空间属性信息，shell 命令如下：

```
hbase(main):009:0> describe_namespace 'ns1'
DESCRIPTION
{NAME => 'ns1'}
1 row(s) in 0.0110 seconds
```

删除命名空间 ns1，shell 命令如下：

```
hbase(main):010:0> drop_namespace 'ns1'
0 row(s) in 0.8630 seconds
```

增加或更改命名空间的属性，shell 命令如下：

```
# 使用格式
alter_namespace 'ns1',{METHOD=>'set','PROPERTY_NAME'=>'VALUE'}
# 如增加一个 info 属性，值为 my namespace
hbase(main):003:0> alter_namespace 'ns1',{METHOD=>'set','info'=>'my namespace'}
```

```
0 row(s) in 0.6170 seconds
hbase(main):004:0> describe_namespace 'ns1'
DESCRIPTION
{NAME => 'ns1', info => 'my namespace'}
1 row(s) in 0.0020 seconds
# 删除 info 属性
hbase(main):005:0> alter_namespace 'ns1',{METHOD=>'unset',NAME=>'info'}
0 row(s) in 0.6110 seconds
hbase(main):006:0> describe_namespace 'ns1'
DESCRIPTION
{NAME => 'ns1'}
1 row(s) in 0.0040 seconds
```

4.2 数据定义语言

HBase 使用表来组织存储数据，进行表操作前需要创建表。与关系型数据库不同，HBase 的表没有对应的数据库，而是位于相应的命名空间中。HBase 创建表时需指定列族的数量和属性，创建、操作表的命令称为数据定义语言（Data Definition Language，DDL）。

4.2.1 创建表

创建学生信息表 Student，shell 命令如下：

```
hbase(main):007:0> create 'Student','StuInfo','Grades'
0 row(s) in 1.3170 seconds
=> Hbase::Table - Student
# 或者创建命名空间 ns1 下的表 Student
hbase(main):008:0> create 'ns1:Student','StuInfo','Grades'
0 row(s) in 1.2230 seconds
=> Hbase::Table - ns1:Student
hbase(main):009:0> list_namespace_tables 'ns1'
TABLE
Student
1 row(s) in 0.0090 seconds
```

第一个字符串 Student 为表名，后面的 StuInfo、Grades 为指定的列族，这里需要注意以下几点：

（1）HBase Shell 中的所有字符串参数需使用单引号，且区分大小写。

（2）表名、列族之间使用逗号隔开，末尾没有分号。

创建 Student 表，指定列族并设置参数，shell 命令如下：

```
hbase(main):018:0> create 'Student',{NAME=>'StuInfo',VERSIONS=>3},{NAME=>'Grades',BLOC
KCACHE=>true}
0 row(s) in 1.2250 seconds
=> Hbase::Table - Student
```

以上命令中，NAME、VERSIONS、BLOCKCACHE 为参数名，无须使用单引号。参数 NAME 为列族的名字；VRESIONS=>3 表示单元格可以存储最新的三版数据，BLOCKCACHE 为 true 表示读取数据时允许缓存，=> 符号表示赋值操作。

4.2.2　查看表

查看表有两个命令：list 和 describe。list 表示查看所有的表名；describe 表示查看一个表的详情。

查看 Student 表是否存在，shell 命令如下：

```
hbase(main):021:0* exists 'Student'
Table Student does exist
0 row(s) in 0.0040 seconds
# 查看已有的表，使用 list
hbase(main):022:0> list
TABLE
Student
my1:student
ns1:Student
3 row(s) in 0.0150 seconds
=> ["Student", "my1:student", "ns1:Student"]
# 查看命名空间 ns1 下的所有表
hbase(main):023:0> list_namespace_tables 'ns1'
TABLE
Student
1 row(s) in 0.0030 seconds
```

如果要查看表的结构信息，则使用 describe，或其缩写 desc。

4.2.3　修改表

更改表结构使用 alter 命令，可以进行增加列族、删除列族、修改列族的参数信息等操作。

更改列族的参数，将 Grades 列族的 VERSIONS 参数改为 3，shell 命令如下：

```
hbase(main):024:0> alter 'Student',{NAME=>'Grades',VERSIONS=>3}
Updating all regions with the new schema...
1/1 regions updated.
Done.
0 row(s) in 2.1590 seconds
```

需要注意的是，在修改已经存有数据的列族参数时，HBase 会对所有数据进行更改，数据量很大时更改的速度就会很慢。

4.2.4　删除表

在删除表之前需要禁用表，禁用表和删除表的具体操作如下：

```
# 禁用表
hbase(main):036:0> disable 'Student'
0 row(s) in 2.3720 seconds
# 查看是否禁用
hbase(main):037:0> is_disabled 'Student'
true
0 row(s) in 0.0050 seconds
# 删除表
hbase(main):038:0> drop 'Student'
0 row(s) in 1.3370 seconds
# 查看表是否删除使用 list 命令
```

如果只是想删除表中的数据，可以使用 truncate 命令，该命令相当于先禁用表，再删除表，最后重新创建表结构。

4.3　数据操纵语言

HBase Shell 客户端对表中数据进行操作的命令称为数据操纵语言（Data Manipulation Language，DML）。

4.3.1　put 命令

1. 使用 put 命令插入一个单元格数据

使用 put 命令插入一个单元格数据的具体操作如图 4－2 所示。

图 4-2　put 命令应用

在 HBase 中，所有的数据均为字符串，时间戳标识数据的版本，若不指定时间戳则默认使用当前时间。

2. 使用 put 命令插入一行数据

使用 put 命令插入一行数据，操作如下：

```
hbase(main):006:0> put 'Student','001','StuInfo:Name','Tom',1
0 row(s) in 0.0780 seconds
hbase(main):007:0> put 'Student','001','StuInfo:Age',20
0 row(s) in 0.0030 seconds
hbase(main):008:0> put 'Student','001','StuInfo:Sex','Male'
0 row(s) in 0.0040 seconds
hbase(main):009:0> put 'Student','001','Grades:BigData',90
0 row(s) in 0.0050 seconds
hbase(main):010:0> put 'Student','001','Grades:Computer',85
0 row(s) in 0.0050 seconds
hbase(main):012:0> put 'Student','001','Grades:Math',70
0 row(s) in 0.0020 seconds
```

3. 使用 put 命令修改数据

若单元格中的数据已经存在，使用 put 命令插入数据时，可以覆盖旧版本数据。例如，将行键 001 的学生姓名改为 Jack，操作如下：

```
hbase(main):013:0> put 'Student','001','StuInfo:Name','Jack'
0 row(s) in 0.0050 seconds
# 扫描表数据
hbase(main):014:0> scan 'Student'
ROW                COLUMN+CELL
 001               column=Grades:BigData, timestamp=1630070946662, value=90
 001               column=Grades:Computer, timestamp=1630070971039, value=85
 001               column=Grades:Math, timestamp=1630071004799, value=70
 001               column=StuInfo:Name, timestamp=1630071166510, value=Jack
 001               column=StuInfo:age, timestamp=1630070726950, value=20
 001               column=StuInfo:name, timestamp=1, value=tom
 001               column=StuInfo:sex, timestamp=1630070816505, value=Male
```

```
1 row(s) in 0.0160 seconds
```

在设置列族的 VERSIONS 参数时，put 操作可以保存多个数据版本。

4.3.2 get 命令

1. 使用 get 命令获取表名和行键

get 命令可以获取表中一行的数据，必须指定表名和行键。

例如，获取 Student 表中 001 行键的一行数据，操作如下：

```
hbase(main):025:0> get 'Student','001'
COLUMN                  CELL
 Grades:BigData         timestamp=1630071771468, value=90
 Grades:Computer        timestamp=1630071781218, value=85
 Grades:Math            timestamp=1630071788138, value=70
 StuInfo:Age            timestamp=1630071738515, value=20
 StuInfo:Sex            timestamp=1630071747571, value=Male
1 row(s) in 0.0060 seconds
```

2. 使用 get 命令获取行对应列族的数据或单元格数据

当然，get 也可以指定列族和列标识，获取一行中对应列族的数据或对应单元格的数据。

例如，获取 Student 表 001 行键的学生姓名及两个版本的学生信息，操作如下：

```
hbase(main):032:0> get 'Student','001','StuInfo:Name'
COLUMN                  CELL
 StuInfo:Name           timestamp=1630072022705, value=Tom
1 row(s) in 0.0040 seconds
hbase(main):033:0> get 'Student','001','StuInfo'
COLUMN                  CELL
 StuInfo:Age            timestamp=1630071738515, value=20
 StuInfo:Name           timestamp=1630072022705, value=Tom
 StuInfo:Sex            timestamp=1630071747571, value=Male
1 row(s) in 0.0040 seconds
```

4.3.3 scan 命令

查询数据还经常使用 scan 命令，该命令可以扫描全表数据，也可以加一些限定条件。

1. 查询 Student 全表数据，获取所有的行

使用 scan 命令查询 Student 全表数据，获取所有行，操作如下：

```
hbase(main):034:0> scan 'Student'
ROW                             COLUMN+CELL
 001                column=Grades:BigData, timestamp=1630071771468, value=90
 001                column=Grades:Computer, timestamp=1630071781218, value=85
 001                column=Grades:Math, timestamp=1630071788138, value=70
 001                column=StuInfo:Age, timestamp=1630071738515, value=20
 001                column=StuInfo:Name, timestamp=1630072022705, value=Tom
 001                column=StuInfo:Sex, timestamp=1630071747571, value=Male
1 row(s) in 0.0140 seconds
```

2. 查询 Student 表 StuInfo 列族的所有数据

使用 scan 命令查询 Student 表 StuInfo 列族的所有数据，操作如下：

```
hbase(main):035:0> scan 'Student',{COLUMN=>"StuInfo"}
ROW                             COLUMN+CELL
 001                column=StuInfo:Age, timestamp=1630071738515, value=20
 001                column=StuInfo:Name, timestamp=1630072022705, value=Tom
 001                column=StuInfo:Sex, timestamp=1630071747571, value=Male
1 row(s) in 0.0050 seconds
```

3. 查询 StuInfo:Name 列的所有数据

使用 scan 命令查询 StuInfo：Name 列的所有数据，操作如下：

```
hbase(main):036:0> scan 'Student',{COLUMN=>"StuInfo:Name"}
ROW                             COLUMN+CELL
 001                column=StuInfo:Name, timestamp=1630072022705, value=Tom
1 row(s) in 0.0050 seconds
```

4. 限定查询的数据条数

使用 scan 命令限定查询的数据条数，操作如下：

```
hbase(main):037:0> scan 'Student',{LIMIT=>1}
ROW                             COLUMN+CELL
 001                column=Grades:BigData, timestamp=1630071771468, value=90
 001                column=Grades:Computer, timestamp=1630071781218, value=85
 001                column=Grades:Math, timestamp=1630071788138, value=70
```

```
001                    column=StuInfo:Age, timestamp=1630071738515, value=20
001                    column=StuInfo:Name, timestamp=1630072022705, value=Tom
001                    column=StuInfo:Sex, timestamp=1630071747571, value=Male
1 row(s) in 0.0080 seconds
```

5. 限定行键的范围，STARTROW、ENDROW，不包含 ENDROW

使用 scan 命令限定行键的范围，操作如下：

```
hbase(main):039:0> Scan 'Student',{STARTROW=>'001',ENDROW=>'002'}
ROW                              COLUMN+CELL
001                    column=Grades:BigData, timestamp=1630071771468, value=90
001                    column=Grades:Computer, timestamp=1630071781218, value=85
001                    column=Grades:Math, timestamp=1630071788138, value=70
001                    column=StuInfo:Age, timestamp=1630071738515, value=20
001                    column=StuInfo:Name, timestamp=1630072022705, value=Tom
001                    column=StuInfo:Sex, timestamp=1630071747571, value=Male
```

4.3.4 delete 和 deleteall 命令

使用 delete 命令可以删除一个单元格或者某行列族数据。

1. 使用 delete 命令删除单元格数据

删除 002 行键 Grades 列族 Computer 列的数据，代码如下：

```
hbase(main):015:0> delete 'Student','002','Grades:Computer'
0 row(s) in 0.0190 seconds
```

2. 使用 delete 命令删除列族数据

删除 002 行键 Grades 列族的所有数据，代码如下：

```
hbase(main):016:0> delete 'Student','002','Grades'
0 row(s) in 0.0030 seconds
```

需要注意的是，delete 不会马上删除数据，只是将数据打上删除标签，在合并数据时才会删除数据。删除时若指定时间戳，则是删除小于等于该指定时间戳的数据。

另外，delete 删除数据是不能跨列族的，若要删除一行数据，只能使用 deleteall 命令。

3. 使用 delete 命令删除行数据

删除 Student 表 001 行键的这一行数据，代码如下：

```
hbase(main):017:0> deleteall 'Student','001'
0 row(s) in 0.0070 seconds
```

单元小结

本单元从基础操作到DDL（数据定义语言）和DML（数据操纵语言）的深入应用，对HBase Shell做了较为全面的介绍。在数据定义语言方面，讲解了如何使用HBase Shell创建、修改和删除表，以及查看表结构的相关命令，这些命令为我们定义和管理HBase表提供了强大的支持。在数据操纵语言方面，重点讲解了如何使用HBase Shell插入、查询、更新和删除数据。我们可以通过put、get、scan、delete等命令灵活地操作HBase中的数据，满足不同的业务需求。

练习题

（1）如何在命令行启动HBase Shell？

（2）列出至少3个HBase Shell中用于获取帮助的命令。

（3）描述HBase中命名空间的作用，并写出创建新命名空间的命令示例。

（4）要在Student表中添加一个新的列族Scores，应该使用哪个命令？

（5）要删除 Student 表中行键为 001、列族为 info、列名为 name 的数据，应该使用哪个命令？

（6）假设你负责管理一个 HBase 数据库，其中存储了用户信息。现在需要创建一个新的表来存储用户的订单信息，每个订单包含订单号、商品名称和数量。请设计表结构，并给出创建表、插入数据、查询数据的 HBase Shell 命令示例。

单元 5

HBase API

学习导读

作为应用程序与数据库交互的核心，HBase API 提供了强大的工具 Java API，开发者可以充分利用 HBase 的分布式、高可伸缩性和高性能特性。

本单元首先介绍常用的 HBase API，然后重点讲解 Java API 的安装和配置、Java API 连接 HBase、表管理操作和数据操作，包括如何通过 Java API 创建、修改和删除表格，以及如何通过过滤器与查询优化提高检索效率。

通过逐步深入的学习，学生将具备使用 HBase API 进行开发的基本技能，为应对大数据应用场景提供有力支持。

素养提升

学习过程中，我们应该深刻认识到技术的发展对社会的重要影响，注重技术创新与社会价值的有机结合。更重要的是，我们要领会技术人才的社会责任，努力运用所学技术推动社会进步和民生改善。同时，我们应该积极推动技术进步，促进绿色发展和资源的有效利用。

学习目标

（1）理解 HBase API 的基本概念，包括其在大数据生态中的位置和作用；了解 Java API 的优势。

（2）掌握安装和配置 HBase Java API 的方法，建立适用于后续开发的环境；理解与 HBase 集群建立连接的过程，包括连接字符串、端口号等。

（3）熟练掌握表的创建、修改和删除等操作；能够熟练使用 Java API 进行数据的插入、更新和删除，实现对 HBase 中数据的高效管理。

（4）理解 HBase API 中过滤器的概念，会使用过滤器提高查询效率。

5.1 HBase API 概述

5.1.1 HBase API 的概念及作用

HBase API 是 HBase 数据库提供的编程接口，允许开发者通过编程方式与 HBase 进行交互。HBase API 提供了多种编程语言的接口，其中最常用的是 Java API。通过 Java API，开发者可以使用 Java 编程语言轻松地与 HBase 集群通信，并利用 HBase 的分布式、高可伸缩性和高性能的特性开展工作。

基于 HBase API，开发者可以完成以下主要任务：

（1）表的管理：创建、删除和修改 HBase 中的表，设置表的属性和配置。

（2）数据的增、删、改、查：插入新数据、更新已有数据和删除数据，以及按照行键进行查询。

（3）扫描与过滤：通过扫描（Scan）操作对表中的数据进行范围查询，结合过滤器（Filter）实现灵活的数据检索。

（4）事务管理：通过 API 对 HBase 中的数据进行事务管理，确保数据的一致性和完整性。

（5）与其他大数据工具集成：通过 HBase API 与其他大数据工具（如 Hadoop、Hive 等）进行集成，实现全栈的大数据应用。

HBase API 能够充分发挥 HBase 数据库的潜力。通过编程方式操作 HBase，可以更灵活地适应不同的应用场景，并实现对海量数据的高效管理和检索。

5.1.2 常用的 HBase API

HBase 是基于 Java 开发的，它提供了一整套 Java API 开发接口，整个接口方法非常完善，包括命名空间管理、表级管理、列族级管理、数据管理（增删改查、导入、导出）、集群调度、状态监测、集群优化等。

HBase API 主要包括以下 9 个关键的类和接口，它们构成了开发者与 HBase 进行交互的基础。

1. HBaseConfiguration

用于配置 HBase 连接的类，可以通过 HBaseConfiguration 类对 HBase 运行时的环境进行，所有的操作都需要先创建 HBaseConfiguration 类的实例，可以通过该类的静态方法 create() 获得。用法示例如下：

```
Configuration configuration = HBaseConfiguration.create();
```

上述语句会从 classpath 中查找 hbase-site.xml 文件，如果查不到则使用默认配置文件。

2. Connection

Connection 代表与 HBase 集群的连接，通过 Connection 接口的实例能够查找到 HMaster，以及定位 HRegion 在集群中的位置并缓存。另外，Table 和 Admin 实例也要从 Connection 实例中获取数据。

3. Admin

Admin 为 Java 接口类型，不可以直接用该接口实例化一个对象，而是必须调用 Connection.getAdmin() 方法，返回一个 Admin 的子对象，然后用这个 Admin 接口来操作返回的子对象方法。该接口用于管理 HBase 数据库的表信息，包括创建或删除表、列出表项、使表有效或无效、添加或删除表的列族成员、检查 HBase 的运行状态等。Admin 接口的常用方法见表 5-1。

表 5-1　Admin 接口的常用方法

返回值	方法	功能
void	createTable（HTableDescriptor desc）	创建一个新表
HTableDescriptor[]	listTables()	列出所有的表
void	deleteTable（TableName tableName）	删除一个已经存在的表
void	enableTable（TableName tableName）	使表有效
void	disableTable（TableName tableName）	使表无效
void	modifyTable（TableName tableName, HTableDescriptor htd）	修改一个已经存在的表
boolean	TableExists（TableName tableName）	检查表是否存在

4. HTableDescriptor、TableName、Table

HTableDescriptor 类包含了表的名字及对应的列族；TableName 类是对应表名的封装类；Table 接口主要用于和 HBase 中的表进行通信，该接口可以获取、添加、删除、扫描 HBase 表中的数据。Table 接口的常用方法见表 5-2。

表 5-2　Table 接口的常用方法

返回值	方法	功能
void	put(Put put)	向表添加值，put 表示添加操作
Result	get(Get get）	获取单元值，get 表示获取操作
void	delete(Delete delete）	删除指定的单元行，delete 表示删除操作

续表

返回值	方法	功能
ResultScanner	getScanner(Scan)、getScanner(byte[ ] family,byte[ ]qualifier、getScanner(byte family)	获取当前表的给定列族的 Scanner 实例，ResultScanner 代表结果列表
boolean	exists(Get get)	检查 Get 实例所对应的值是否在 Table 中
HTableDescriptor	getTableDescriptor()	获取表的 HTableDescriptor 实例
TableName	getName()	获取表名

5. HcolumnDescriptor

HcolumnDescriptor 类是对列族的描述，包含了列族名称、版本号、压缩设置等信息。该类的实例只在创建表或给表添加、删除列族时使用。值得注意的是，一旦列族被删除，对应列族中所保存的数据也将同时被删除。

6. Put

Put 类用于插入或更新表中的数据，插入数据的操作需要指定列族、所在列等来实现。HBase 数据插入使用 Put 对象，首先会向 HBase 集群发送一个 RPC 请求，得到响应之后将 Put 类中的数据通过序列化的方式传给 HBase 集群，集群节点接收到数据之后进行添加。

Put 类的常用方法见表 5－3。

表 5－3　Put 类的常用方法

返回值	方法	功能
put	addColumn(byte[ ]family,byte[ ] qualifier,byte[ ]value)	向指定的列族和列限定符中添加一个列值
put	addColumn(byte[ ]family,byte[ ] qualifier，long ts,byte[ ]value)	向指定的行、列族、列限定符中添加一个带有时间戳的列值
List	get(byte[ ]family,byte[ ]qualifier)	返回 put 实例中与指定列键匹配的项，Cell 是单元格实例
boolean	has(byte[ ]family,byte[ ]qualifier)	检查 put 实例中是否包含指定的列键

7. Get

Get 类用于获取表中的行数据，通过指定行键和列族、列标识符进行检索。Get 类的常用方法见表 5－4。

表 5－4　Get 类的常用方法

返回值	方法	功能
Get	addColumn(byte[ ]family),byte[ ]qualifier	指定列族和对应的列

续表

返回值	方法	功能
Get	addFamily(byte[ ]family)	指定列族
Get	setTimeRange(long minStamp,long maxStamp)	指定列的版本号区间

8. Result

Result 类表示 HBase 查询的结果，包含符合条件的数据集合。Result 类的常用方法见表 5 - 5。

表 5 - 5　Result 类的常用方法

返回值	方法	功能
NavigableMap<byte[ ],byte[ ]>	getFamilyMap(byte[ ] family)	获取列族下所有列名与值的映射
byte[ ]	value()	返回第一个列键的值
byte[ ]	getValue(byte[ ]family,byte[ ]qualifier)	获取指定列键的值
boolean	contains(byte[ ]family,byte[ ]qualifier)	检查列键是否存在
byte[ ]	get Row()	返回行键
List	listCells	获取指定行的所有 Cell

9. Scan、ResultScanner

Scan 命令可以按全表扫描，也可以实现列族和列键扫描。Scan 类的常用方法见表 5 - 6。

表 5 - 6　Scan 类的常用方法

返回值	方法	功能
Scan	addColumn(byte[ ]family,byte[ ]qualifier)	获取指定列表和列限定符对应的列
Scan	addFamily(byte[ ] family)	添加要扫描的列族
Scan	setStartRow(byte[ ] startRow)	设置扫描的起始行键
Scan	setStopRow(byte[ ] stopRow)	设置扫描的结束行键
Scan	setTimeRange(long minStamp, long maxStamp)	设置扫描的时间范围

ResultScanner 类的常用方法见表 5-7。

表 5 - 7　ResultScanner 类的常用方法

返回值	方法	功能
Result	next()	返回下一个 Result 对象，如果没有更多结果，则返回 null
void	close()	关闭扫描器，释放资源

使用这些 API，需要先建立与 HBase 的连接，并获取 Table 对象；然后创建 Scan 对象，配置扫描参数，并使用 Table 对象的 getScanner() 方法获取 ResultScanner 对象进行扫描。

这些类和接口提供了丰富的功能，使得开发者能够通过编程方式对 HBase 进行全面的管理和操作，即通过具体的 Java 代码利用这些类和接口来构建应用程序，实现与 HBase 的交互。

5.2 Java API 的安装与配置

5.2.1 在 IDEA 中创建工程

打开 IDEA，在菜单栏中选择“File → New → Project”来新建工程，如图 5 - 1 所示。

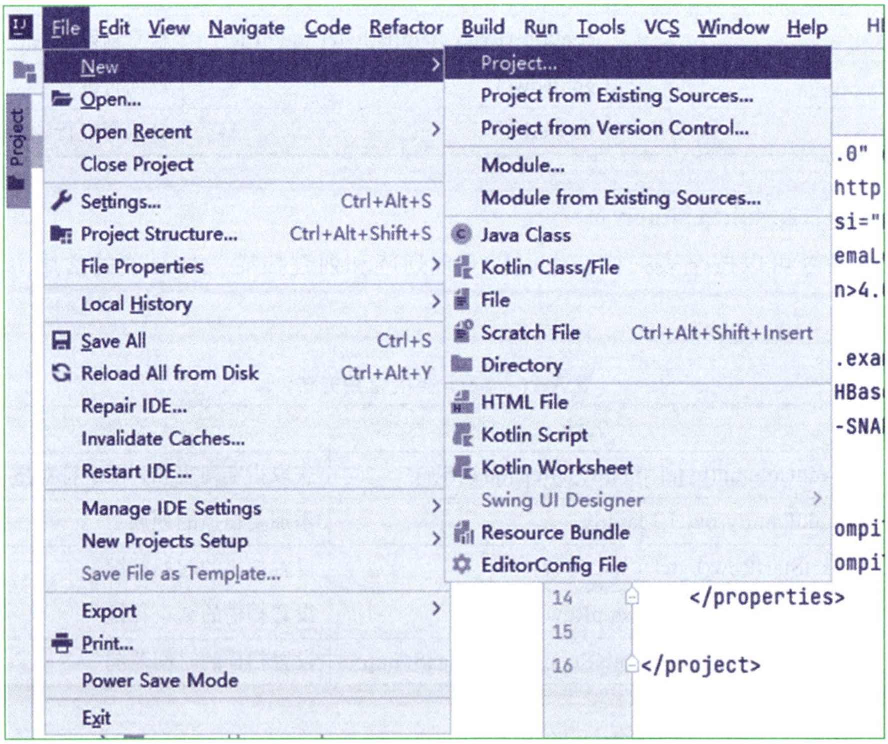

图 5 - 1　新建工程

新建工程类型选择“Maven”，然后根据图 5 - 2 中的标号②③④所示进行设置。

设置名称为“HBaseDemo”，设置存储路径，添加组名为“com.bigdata.hbase”，如图 5 - 3 所示。

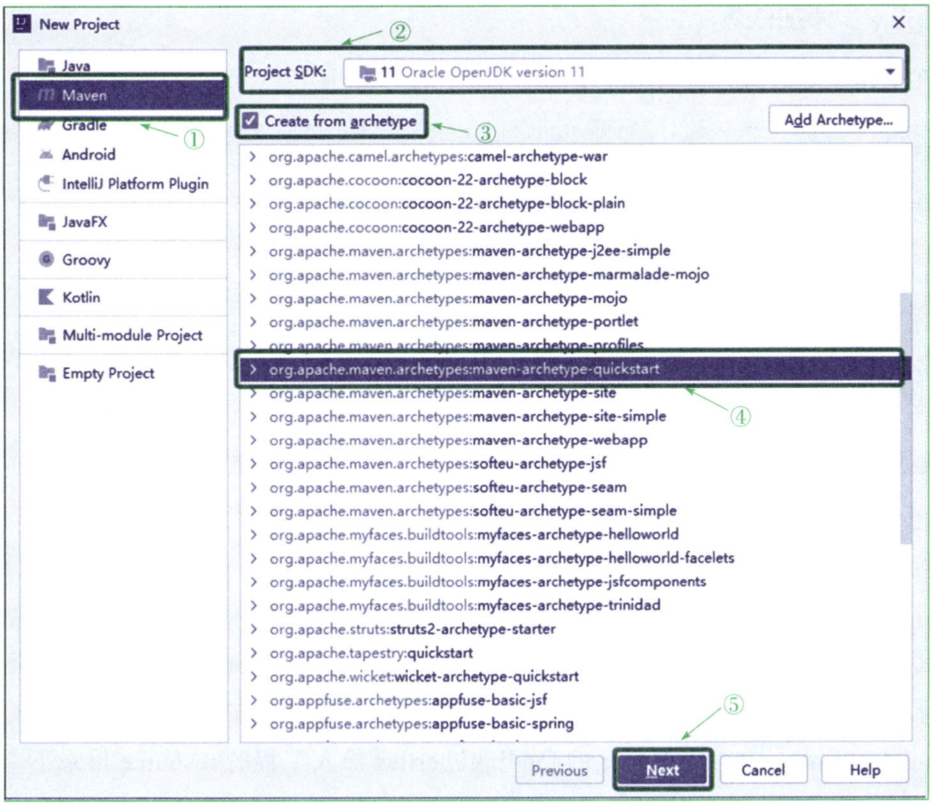

图 5-2　选择工程类型

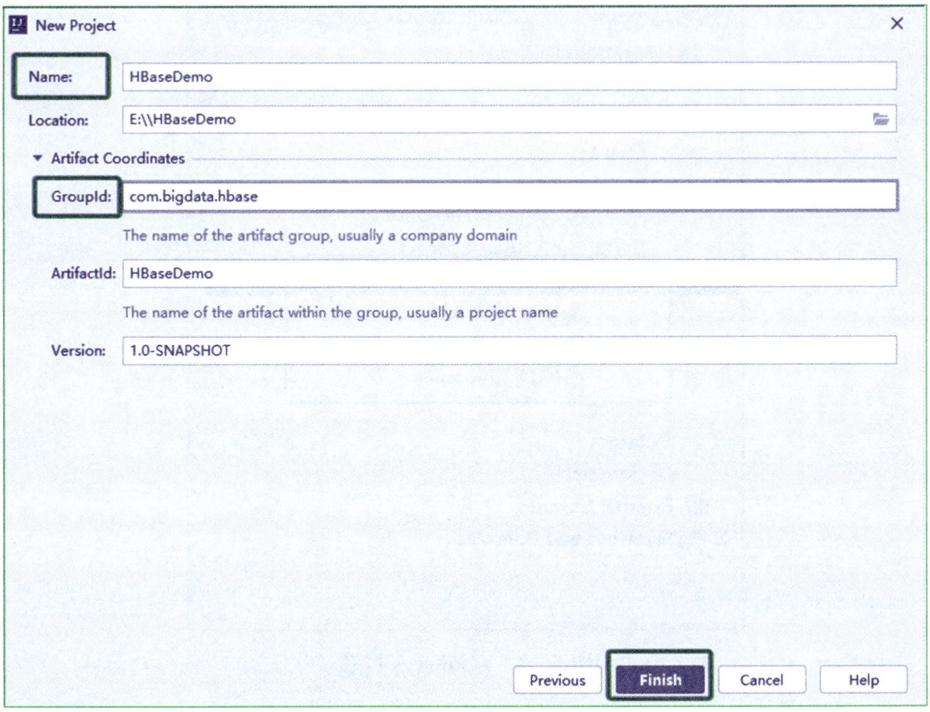

图 5-3　设置工程参数

5.2.2 添加依赖

在工程左侧结构的 pom.xml 中添加依赖，命令如下：

```
<dependencies>
        <dependency>
            <groupId>org.apache.hbase</groupId>
            <artifactId>hbase-client</artifactId>
            <version>2.4.6</version>
        </dependency>
</dependencies>
```

添加完成后打开 Maven 界面，单击“更新”按钮更新依赖。

5.3 Java API 连接到 HBase

将 core-site.xml 和 hbase-site.xml 放入 resources 目录。core-site.xml 在虚拟机主节点下的 /usr/local/hadoop-3.1.4/etc/hadoop/；hbase-site.xml 在虚拟机主节点下的 /opt/hbase-2.4.6/conf/。也可将 Hbase 的 log4j.properties 导入工程的 resource 目录下。如图 5－4 所示。

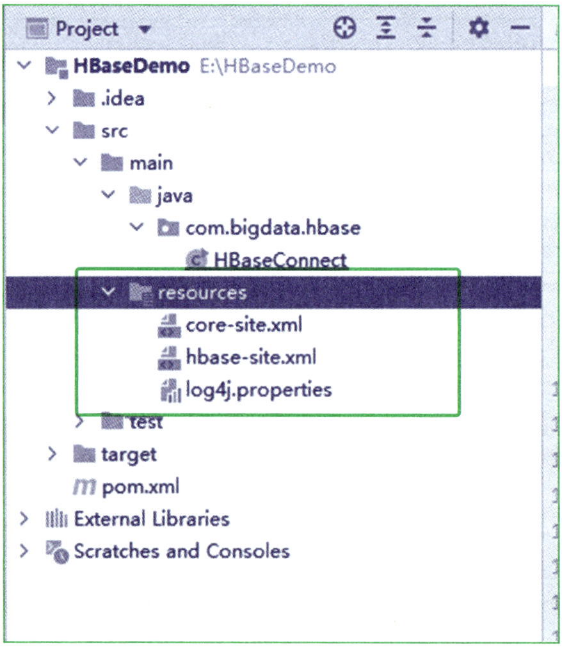

图 5－4　resources 目录

新建连接类，如图 5－5 所示。

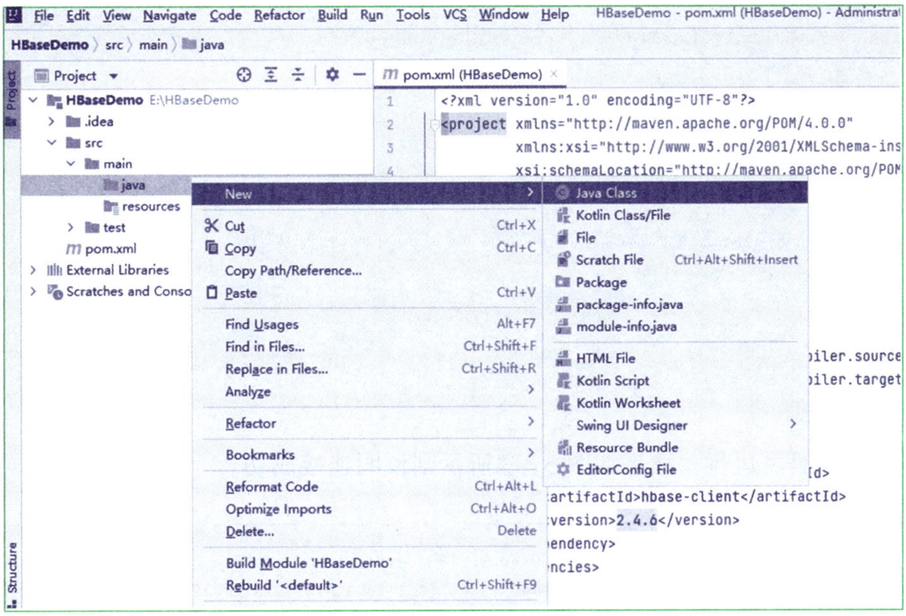

图 5－5　新建连接类

将新建的连接类命名为“HBaseConnect”，如图 5－6 所示。

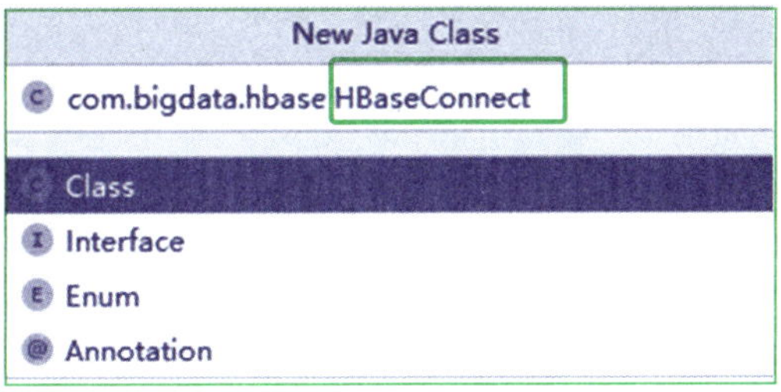

图 5－6　命名连接类

在连接类 HbaseConnect 中添加以下代码：

```
package com.bigdata.hbase;

import org.apache.hadoop.conf.Configuration;
import org.apache.hadoop.hbase.client.Admin;
import org.apache.hadoop.hbase.client.Connection;
import org.apache.hadoop.hbase.client.ConnectionFactory;

import java.io.IOException;

public class HBaseConnect {
    public static void main(String[ ] args) {
```

```
        Configuration configuration = new Configuration();
        try {
            Connection connection = ConnectionFactory.createConnection(configuration);
            Admin admin = connection.getAdmin();
            System.out.println(admin);
        } catch (IOException e) {
            e.printStackTrace();
        }
    }
}
```

添加完代码后运行，结果如图 5－7 所示则说明连接成功。

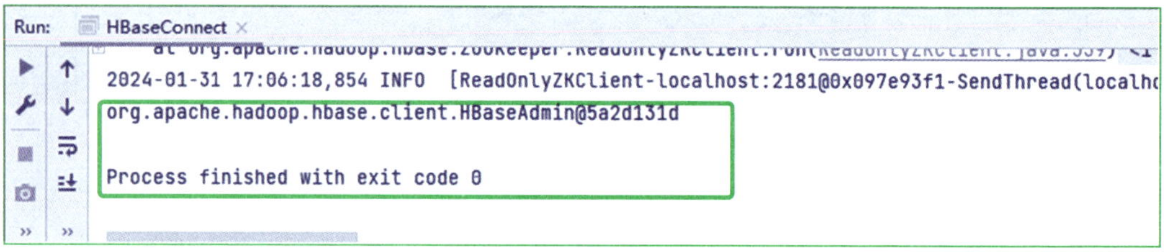

图 5－7　运行结果

5.4 表管理操作

创建 HBaseDDL 类，添加静态方法即可作为工具类。

```
public class HBaseDDL {
 // 添加静态属性 connection 指向单例连接
 public static Connection connection = HBaseConnect.connection;
}
```

5.4.1　创建命名空间

创建命名空间的步骤如下：

```
/**
 * 创建命名空间
 * @param namespace 命名空间名称
 */
public static void createNamespace(String namespace) throws IOException {
 // 获取 admin
```

```
Admin admin = connection.getAdmin();
// 调用方法创建命名空间
// 代码相对 shell 更加底层，所以 shell 能够实现的功能代码其一定能实现
// 需要填写完整的命名空间描述
// 创建命名空间描述建造者 => 设计师
NamespaccDcscriptor.Builder builder = NamespaceDescriptor.create(namespace);
// 给命名空间添加需求
builder.addConfiguration("user","atguigu");
// 使用 builder 构造出对应的添加完参数的对象，完成创建
try {
admin.createNamespace(builder.build());
} catch (IOException e) {
System.out.println(" 命名空间已经存在 ");
e.printStackTrace();
}
// 关闭 admin
admin.close();
}
```

5.4.2 查看表格是否存在

判断表格是否存在的步骤如下：

```
/**
 * 判断表格是否存在
 * @param namespace 命名空间名称
 * @param tableName 表格名称
 * @return ture 表示存在
*/
public static boolean isTableExists(String namespace,String tableName) throws IOException {
// 获取 admin
Admin admin = connection.getAdmin();
// 使用方法判断表格是否存在
boolean b = false;
try {
b = admin.tableExists(TableName.valueOf(namespace, tableName));
} catch (IOException e) {e.printStackTrace();}
// 关闭 admin
admin.close();
// 返回结果
return b;
```

```
}
```

5.4.3 创建表格

创建表格的步骤如下：

```
/**
 * 创建表格
* @param namespace 命名空间名称
* @param tableName 表格名称
 * @param columnFamilies 列族名称可以有多个
 */
public static void createTable(String namespace , String tableName , String... columnFamilies)
throws IOException {
 // 判断是否有至少一个列族
 if (columnFamilies.length == 0){
 System.out.println(" 创建表格至少有一个列族 ");
 return;
 }
 // 判断表格是否存在
 if (isTableExists(namespace,tableName)){
 System.out.println(" 表格已经存在 ");
 return;
 }
 // 获取 admin
 Admin admin = connection.getAdmin();
 // 调用方法创建表格
 // 创建表格描述的建造者
 TableDescriptorBuilder tableDescriptorBuilder =
TableDescriptorBuilder.newBuilder(TableName.valueOf(namespace, tableName));
 // 添加参数
 for (String columnFamily : columnFamilies) {
 // 创建列族描述的建造者
 ColumnFamilyDescriptorBuilder columnFamilyDescriptorBuilder =
ColumnFamilyDescriptorBuilder.newBuilder(Bytes.toBytes(columnFamily));
 // 对应当前的列族添加参数
 // 添加版本参数
 columnFamilyDescriptorBuilder.setMaxVersions(5);
 // 创建添加完参数的列族描述
 tableDescriptorBuilder.setColumnFamily(columnFamilyDescriptorBuilder.build());
 }
```

```
// 创建对应的表格描述
try {
admin.createTable(tableDescriptorBuilder.build());
} catch (IOException e) {
e.printStackTrace();
}
// 关闭 admin
admin.close();
}
```

5.4.4 修改表格

修改表格的步骤如下：

```
/**
 * 修改表格中一个列族的版本
 * @param namespace 命名空间名称
 * @param tableName 表格名称
 * @param columnFamily 列族名称
* @param version 版本
*/
public static void modifyTable(String namespace,String tableName,String columnFamily,int version)
throws IOException {
// 判断表格是否存在
if (!isTableExists(namespace,tableName)){
System.out.println(" 表格不存在无法修改 ");
return;
}
// 获取 admin
Admin admin = connection.getAdmin();
try {
// 调用方法修改表格
// 获取之前的表格描述
TableDescriptor descriptor = admin.getDescriptor(TableName.valueOf(namespace, tableName));
// 创建一个表格描述建造者
// 如果使用填写 tableName 的方法，相当于创建了一个新的表格描述建造者，没有之前的信息，
如果要修改之前的信息，必须调用方法填写一个旧的表格描述
TableDescriptorBuilder tableDescriptorBuilder =
TableDescriptorBuilder.newBuilder(descriptor);
// 对应建造者进行表格数据的修改
ColumnFamilyDescriptor columnFamily1 = descriptor.getColumnFamily(Bytes.
```

```
toBytes(columnFamily));
// 创建列族描述建造者
// 需要填写旧的列族描述
ColumnFamilyDescriptorBuilder
columnFamilyDescriptorBuilder = ColumnFamilyDescriptorBuilder.newBuilder(columnFamily1);
// 修改对应的版本
columnFamilyDescriptorBuilder.setMaxVersions(version);
// 此处修改的时候如果填写的是新创建，那么其他的参数会初始化
tableDescriptorBuilder.modifyColumnFamily(columnFamilyDescriptorBuilder.build());
admin.modifyTable(tableDescriptorBuilder.build());
} catch (IOException e) {
e.printStackTrace();
}
// 关闭 admin
admin.close();
}
```

5.4.5 删除表格

删除表格的步骤如下：

```
/**
 * 删除表格
 * @param namespace 命名空间名称
 * @param tableName 表格名称
 * @return true 表示删除成功
 */
public static boolean deleteTable(String namespace ,String tableName) throws IOException {
// 判断表格是否存在
if (!isTableExists(namespace,tableName)){
System.out.println(" 表格不存在无法删除 ");
return false;
}
// 获取 admin
Admin admin = connection.getAdmin();
// 调用相关的方法删除表格
try {
// HBase 删除表格之前一定要标记表格为不可以
TableName tableName1 = TableName.valueOf(namespace, tableName);
admin.disableTable(tableName1);
admin.deleteTable(tableName1);
```

```
} catch (IOException e) {
e.printStackTrace();
}
// 关闭 admin
admin.close();
return true;
}
```

5.5 数据操作

创建类 HBaseDML 的代码如下：

```
public class HBaseDML { // 添加静态属性 connection 指向单例连接
public static Connection connection = HBaseConnect.connection;
}
```

5.5.1 插入数据

插入数据的步骤如下：

```
/**
 * 插入数据
 * @param namespace 命名空间名称
 * @param tableName 表格名称
 * @param Row Key 主键
 * @param columnFamily 列族名称
 * @param columnName 列名
 * @param value 值
 */
public static void putCell(String namespace,String tableName,String Row Key, String
columnFamily,String
columnName,String value) throws IOException {
// 获取 table
Table table = connection.getTable(TableName.valueOf(namespace, tableName));
// 调用相关方法插入数据
// 创建 put 对象
Put put = new Put(Bytes.toBytes(Row Key));
// 给 put 对象添加数据
put.addColumn(Bytes.toBytes(columnFamily),Bytes.toBytes(columnName),Bytes.toBytes(value));
```

```
// 将对象写入对应的方法
try {
table.put(put);
} catch (IOException e) {
e.printStackTrace();
}
// 关闭 table
table.close();
}
```

5.5.2 读取数据

读取数据的步骤如下：

```
/**
 * 读取数据，读取对应的一行中的某一列
 * @param namespace 命名空间名称
 * @param tableName 表格名称
 * @param Row Key 主键
 * @param columnFamily 列族名称
 * @param columnName 列名
 */
public static void getCells(String namespace, String tableName,
String Row Key, String columnFamily, String columnName) throws
IOException {
// 获取 table
Table table = connection.getTable(TableName.valueOf(namespace, tableName));
// 创建 get 对象
Get get = new Get(Bytes.toBytes(Row Key));
// 如果直接调用 get 方法读取数据，此时读一整行数据，如果想读取某一列的数据，需要添加对
应的参数
get.addColumn(Bytes.toBytes(columnFamily),
Bytes.toBytes(columnName));
// 设置读取数据的版本
get.readAllVersions();
try {
// 读取数据，得到 result 对象
Result result = table.get(get);
// 处理数据
Cell[] cells = result.rawCells();
// 测试方法：直接把读取的数据打印到控制台
```

```
for (Cell cell : cells) {
 String value = new String(CellUtil.cloneValue(cell));
 System.out.println(value);
 }
 } catch (IOException e) {
 e.printStackTrace();
 }
 // 关闭 table
 table.close();
 }
```

5.5.3 扫描数据

扫描数据的步骤如下：

```
/**
 * 扫描数据
 * @param namespace 命名空间
 * @param tableName 表格名称
 * @param startRow 包含开始的 row
 * @param stopRow 不包含结束的 row
 */
public static void scanRows(String namespace, String tableName,
String startRow, String stopRow) throws IOException {
// 获取 table
 Table table = connection.getTable(TableName.valueOf(namespace, tableName));
 // 创建 scan 对象
 Scan scan = new Scan();
 // 如果此时直接调用，会扫描整张表
 // 添加参数来控制扫描的数据
 // 默认包含
 scan.withStartRow(Bytes.toBytes(startRow));
 // 默认不包含
 scan.withStopRow(Bytes.toBytes(stopRow));
try {
// 读取多行数据，获得 scanner
ResultScanner scanner = table.getScanner(scan);
 // result 来记录一行数据 cell 的数组
 // ResultScanner 来记录多行数据 result 的数组
 for (Result result : scanner) {
 Cell[] cells = result.rawCells();
```

```
for (Cell cell : cells) {
System.out.print (new
String(CellUtil.cloneRow(cell)) + "-" + new
String(CellUtil.cloneFamily(cell)) + "-" + new
String(CellUtil.cloneQualifier(cell)) + "-" + new
String(CellUtil.cloneValue(cell)) + "\t");
 }
 System.out.println();
 }
 } catch (IOException e) {
e.printStackTrace();
 }
 // 关闭 table
 table.close();
 }
```

5.6 过滤器

HBase 不仅提供了根据特性的行键查询（Get）或者根据行键的范围查询（Scan）这些简单的查询，还提供了更加高级的过滤器（Filter）查询。

5.6.1 过滤器介绍

过滤器可以根据列族、列、版本等更多的条件对数据进行过滤。

基于 HBase 本身提供的三维有序（行键、列、版本有序），过滤器可以高效地完成查询过滤任务，带有过滤器条件的 RPC 查询请求会把过滤器分发到各个 RegionServer（服务端过滤器），这样可以降低网络传输的压力。

使用过滤器至少需要两类参数：一类是抽象的操作符，这些操作符用于定义过滤条件中的比较逻辑。常见的比较运算符包括 LESS（小于）、LESS_OR_EQUAL（小于等于）、EQUAL（等于）、GREATER_OR_EQUAL（大于等于）、NOT_EQUAL（不等于）等。这些运算符决定了过滤条件中的比较方向；另一类是比较器，其作用是在服务端判断数据是否满足条件，然后只将满足条件的数据返回客户端。它封装了要与 HBase 中的数据进行比较的值以及比较的方式。常见的比较器有 BinaryComparator（用于字节数组的比较）、SubstringComparator（用于字符串子串的比较）等。

过滤器的类型很多，大致分为三类：

（1）比较过滤器：可应用于 Row Key、列族、列、列值的过滤器。

（2）专用过滤器：只适用于特定场合的过滤器。

（3）包装过滤器：通过包装其他过滤器来实现某些拓展功能。

5.6.2 过滤器的使用

下面介绍几个常用的使用 Java API 操作 HBase 过滤器的案例。

1. RowFilter

RowFilter 过滤器可以筛选出符合匹配条件的所有行。使用 BinaryComparator 可以筛选出具有某个行键的行，如筛选出行键为 002 的行数据，操作如下：

```
import org.apache.hadoop.hbase.filter.Filter;
import org.apache.hadoop.hbase.filter.BinaryComparator;
import org.apache.hadoop.hbase.filter.CompareFilter;
import org.apache.hadoop.hbase.filter.RowFilter;
// 扫描 + 过滤数据
public static void scanAndFilter(String tableName) throws IOException {
// 连接 HBase
init( );
System.out.println("================================");
Table table= connection.getTable(TableName.valueOf(tableName));
Scan scan = new Scan();
// 创建 Filter 对象
// 筛选出匹配的行
Filter rf= new RowFilter(CompareFilter.CompareOp.EQUAL, new BinaryComparator("002".
getBytes()));
// set Filter
scan.setFilter(rf);
ResultScanner resultScanner = table.getScanner(scan);
for(Result res : resultScanner){
for( Cell cell : res.rawCells()) {
// 打印出列族、列标识、值、时间戳
System.out.print(new String(CellUtil.cloneFamily(cell)) + " ");
System.out.print(new String(CellUtil.cloneQualifier(cell)) + " ");
System.out.print("value = " + new String(CellUtil.cloneValue(cell)) + " ");
System.out.println("current timestamp:" + cell.getTimestamp());
}
}
// 关闭连接
close( );
}
```

2. PrefixFilter

行前缀过滤器可匹配出带有固定前缀的行。

例如，筛选出带有 rw 前缀的行的操作如下：

```
import org.apache.hadoop.hbase.filter.PrefixFilter
// 创建 scan 对象
 scan = new Scan( );
// 筛选出带有 rw 前缀的行
Filter pf = new PrefixFilter(Bytes.toBytes("rw"));
// 添加过滤器
scan.setFilter(pf);
ResultScanner scanner = table.getScanner(scan);
```

3. KeyOnlyFilter

返回所有的行，但不显示值，操作如下：

```
Filter kof = new KeyOnlyFilter();
scan.setFilter(kof);
```

其他类型过滤器的使用方法见表 5 - 8。

表 5 - 8　其他类型过滤器的使用方法

过滤器类	功能描述	使用示例
RandomRowFilter	随机筛选出部分行数据	Filter rrf = new RandomRowFilter((float) 0.8); Scan.setFilter(rrf);
InclusiveStopFilter	筛选出行键小于等于条件的数据	Filter isf= new InclusiveStopFilter(Bytes.toBytes("005”)); 筛选出包含 005 行
FirstKeyOnlyFilter	筛选出每个簇的第一单元格	Filter fkof = new FirstKeyOnlyFilter();
ColumnPrefixFilter	筛选出列的前缀为指定字符的数据	Filter cpf= new ColumnPrefixFilter(Bytes.toBytes(” age”)); 筛选出具有 age 前缀的列
ValueFilter	筛选出值满足某个条件的单元格	Filter vf= new ValueFilter(CompareFilter.CompareOp.EQUAL, new SubstringComparator(” lucy”)); 筛选出具有 lucy 子串的值
SkipFilter	跳过指定的条件	Filter vf = new ValueFilter(CompareFilter.CompareOp.NOT _EQUAL, new SubstringComparator("lucy”)); Filter skf= new SkipFilter(vf);

续表

过滤器类	功能描述	使用示例

FilterList	通过多个过滤器组合筛选	Filter vf= new ValueFilter(CompareFilter.
		CompareOp.EQUAL, new SubstringComparator
		("lucy”)); Filter rf = new RowFilter(CompareFilter.
		CompareOp.NOT_EQUAL, new
		BinaryComparator(Bytes.toBytes(” 001”)));
		List<Filter> filters= new AnayList<Filter>();
		filters.add(rf);
		filters.add(vf);
		综合使用多个过滤器，AND OR 两种关系 FilterList
		fl= new FilterList(FilterList.Operator.MUST PASS_
		ALL, filters); Scan.setFilter(fl);

SingleColumnValueFilter	指定需要过滤的列族、列名、条件	SingleColumnValueFilter scvf= new SingleColumnValueFilter(Bytes.toBytes(” StuInfo”), Bytes.toBytes(” Name”), CompareFilter.CompareOp. EQUAL, new SubstringComparator('’ Ii"));

单元小结

本单元系统地介绍了 HBase 数据库的 Java API，以及如何通过 API 与 HBase 进行高效的数据交互。并从安装配置到建立连接，再到表的创建、修改和删除等管理操作，详细讲解了 Java API 在 HBase 开发中的实际应用，以及过滤器在查询优化中的作用，以提高数据检索效率。这些知识将为我们在大数据应用开发中提供有力支持，帮助我们更好地应对各种挑战。

练习题

（1）描述 HBase API 在大数据生态系统中的位置和作用。

（2）为什么说 Java 是处理 HBase 数据的首选语言？

（3）假设你正在开发一个用户管理系统，请使用 HBase 创建一个表来存储用户的基本信息，如用户名、密码、邮箱和电话号码。

1）使用 Java API 创建一个名为“user_info”的表，并定义列族“basic_info”。

2）插入一些示例数据，如用户名、密码、邮箱和电话号码。

3）使用 Java API 查询表中的数据，并验证数据的正确性。

（4）假设你正在开发一个电商网站，请使用 HBase 存储商品信息，并使用过滤器来优化查询。

1）使用 Java API 创建一个名为“products”的表，并定义列族“info”。

2）插入一些示例数据，包括商品 ID、名称、价格和描述等。

3）使用 Java API 创建一个过滤器，仅选择价格低于 100 元的商品。

4）使用带有过滤器的查询来获取满足条件的商品列表，并验证结果。

单元 6

HBase 模式设计与优化

学习导读

为了满足大规模数据处理的需求，确保数据库的高效性和稳定性，HBase 的 Schema（模式，又称架构）设计显得尤为重要。本单元将介绍 HBase Schema 的基本概念、HBase Schema 设计、HBase 数据分区与压缩、HBase 表达索引与查询优化。此外，在设计过程中，我们还需要考虑性能、业务需求、数据模型结构等方面。

Schema 设计的核心任务包括以下 5 个方面。

（1）行键（Row Key）设计：为每行数据确定一个唯一标识，这是 HBase 数据模型的基础。行键的选择将直接影响数据的排序、分区和查询效率。

（2）列族（Column Family）规划：列族是 HBase 中数据的逻辑分组方式。合理地配置列族，将相关的数据放在一起，可以提高数据的局部性和查询效率。

（3）列限定符（Column Qualifier）和数据类型：在列族下，我们需要定义具体的列和数据类型。列限定符用于区分同一列族下的不同列，数据类型的选择则会影响数据的存储和查询性能。

（4）数据存储和访问模式：考虑数据是如何被写入、读取和更新的，对于优化数据库性能至关重要。我们需要根据业务需求和数据特点，设计合理的数据存储和访问模式。

（5）版本控制：在 HBase 中，数据可以有多个版本。对版本的控制将影响数据的更新和查询方式。

素养提升

在学习 HBase 模式设计与优化的过程中，我们不仅要掌握其技术细节，更要深刻领会这些技术的社会意义。对相关技术的决策不仅关乎数据库的性能和稳定性，更体现了对创新精神的追求和对社会责任的坚守。

面对复杂多变的数据处理需求，需要勇于创新，不断探索新的设计方法和优化策略。这种对创新的追求，不仅有助于我们解决当前的技术难题，更有助于推动技术的进步和发展。

我们在保障数据高效存储和查询的同时，必须确保数据的隐私和安全，防止数据泄露和滥用。这种对数据安全的敏感性和责任感，是我们必须具备的素质。

学习目标

（1）理解数据库模式设计的概念。

（2）能够根据要求使用 HBase Shell 和 Java API 创建 HBase Schema。

6.1 Schema 概述

Schema 是数据库的一个结构化框架，用于描述数据库中的对象关系。创建一个数据库时，需要定义一个 Schema 来确定如何存储数据。Schema 可以视为数据库的“蓝图”或“结构图”。

6.1.1 Schema 的概念

在数据库领域，Schema 一词源于关系型数据库。Schema 在数据库系统中是形式语言描述的一种结构，是对象的集合，可包含多种对象，如表、字段、关系模型、视图、索引、包、存储过程、子程序、队列、触发器、数据类型、序列、物化视图（materialized view）、同义词（synonym）、database link、directory、XML schema 等。随着技术的进步，不同类型的数据库技术不断涌现，但 Schema 这一概念沿用至今。接下来，我们脱离具体的数据库类型来讨论 Schema 这一概念。

Schema 是一种“结构”，是为待存储的数据设计并创建的存储结构。举个生活中的例子，如果你想记录每天的收入和开销，有两种选择：第一种是在笔记本上自行设计一个表，记录收入和支出的数据；第二种是买一个记账本，记账本上有现成的记账模板，直接填写即可。无论是你设计并绘制的表，还是记账本上现成的记账模板，都是“存储结构”，就是为记账而准备的 Schema。设计记账表的过程就是 Schema 的设计，如果直接使用记账本的模板，那么就是在构建好的 Schema 上进行数据存储。

Schema 是由一系列 Schema 对象来表示的。在前面记账的例子中，画的记账表格或者买的记账本，都是通过表头、行、列、单元格等对象来表示的，且对象间是按照一定的结构关系组合在一起的，如记账表包含若干行，行中有单元格。在数据库系统中也是一样，为了能够表示任何信息的 Schema，定义了一些 Schema 对象，这些对象通过特定的规则按照特定的结构来表示 Schema。需要注意的是，即使是同一类型的数据库产品，具体的 Schema 对象也会存在一定的差异。使用具体的数据库产品进行 Schema 设计时，需要参考相关产品手册。不同类型数据库的主要 Schema 对象见表 6-1。

表 6-1　不同类型数据库的主要 Schema 对象

数据库类型	主要 Schema 对象
关系型数据库 Oracle、MySQL、PostgreSQL、SQL Server	表（Table）
	列（Column）
	主键（Primary Key）
	索引（Index）
文档数据库 MongoDB、CouchDB、Firestore	集合（Collection）
	索引（Index）
键值数据库 Redis、Amazon DynamoDB、Berkeley DB	键（Key）
	值（Value）
列族数据库 Apache HBase、Cassandra、Google Bigtable	表（Table）
	列族（Column Family）
	列（Column），也称为列限定符（Column Qualifier）
	行键（Row Key）
图形数据库 Neo4j、ArangoDB、Amazon Neptune、OrientDB	节点（Node）
	关系（Relationship）
	属性（Property）
	索引（Index）

数据库 Schema 的创建通常使用形式化语言，数据库系统通过解析和执行这些语言，最终在数据库中创建 Schema。不同数据库系统都会提供对特定形式化语言的支持，关系型数据库支持标准的 SQL 语言，图形数据库 Neo4j 支持 Cypher 查询语言。

例如，要设计博客系统，需求为“用户可以发布帖子”，则需要使用数据库系统为应用提供数据存储和访问支撑，因此需要在选定的数据库系统中使用特定的语言创建博客系统的 Schema。使用数据库及形式化语言创建 Schema 的示例见表 6-2。

表 6－2　数据库及形式化语言创建 Schema 的示例

数据库	语言	创建博客系统的 Schema 的结构化表达
关系型数据库	SQL 语言	——用户表 CREATE TABLE Users (UserID SERIAL PRIMARY KEY, UserName VARCHAR(255), Email VARCHAR(255)); ——帖子表 CREATE TABLE Posts (PostID SERIAL PRIMARY KEY, UserID INT, Content TEXT, Timestamp TIMESTAMP, FOREIGN KEY (UserID) REFERENCES Users(UserID));
图形数据库 Neo4j	Cypher 查询语言	——创建用户节点 CREATE (:User {UserID: 'UserID', UserName: 'UserName', Email: 'Email'}) ——创建帖子节点 CREATE (:Post {PostID: 'PostID', Content: 'Content', Timestamp: 'Timestamp'}) ——创建用户发布帖子的关系 MATCH (u:User {UserID: 'UserID'}), (p:Post {PostID: 'PostID'}) CREATE (u)-[:PUBLISHES]->(p)

可见，Schema 是数据在数据库中的存储结构，这种结构是由 Schema 对象刻画的，具体可以通过特定的形式化语言来表达。

6.1.2　Schema 的设计过程及问题

数据库的 Schema 设计是一个系统化的过程，涉及需求分析、设计决策、测试验证、优化迭代等一系列工作，旨在构建一个既符合当前业务需求又能适应未来发展的数据模型，同时在性能、完整性、安全性、可扩展性和成本效益等方面实现最优平衡。

1. 设计过程

（1）需求分析。

需求分析是设计的起点，为设计工作提供了明确的指导方针和目标。通过分析，可以理解和定义系统需要处理的数据类型、数据间的关系，以及数据的使用方式。需求分析方法有多种，包括但不限于数据流的分析、基于应用场景和用户查询模式的分析等。

（2）设计决策。

设计决策是指基于需求分析，围绕设计目标、遵循设计原则、结合最佳实践确定数据模型和结构的过程。

（3）测试验证。

测试验证阶段是为了验证设计决策是否满足需求，包括功能需求、性能需求等。设计人员可以通过测试识别和解决设计中的缺陷和不足。

（4）优化迭代。

优化迭代是指根据测试验证的反馈，对设计进行调整和优化。这是一个长期的工作，需要随着业务的发展和数据的增长定期进行。

2. Schema 设计时可能遇到的问题

（1）设计方法与数据库技术的匹配性。不同类型的数据库具有各自独特的设计方法和设计思路，而所采用的设计方法又和数据库类型是强相关的。现实中，由于关系型数据库深入人心，因此设计人员会不自觉地用关系型数据库的设计方法、原则来指导 NoSQL 数据库的 Schema 设计。这就像是用一把钥匙去开不同的锁。

（2）设计的多样性与适当性。不存在标准的和完美的设计，只有适合的设计。实践中，过度设计是常见的问题，可能会引入不必要的复杂性和冗余。

（3）设计的动态性。Schema 设计是一个持续迭代和改进的过程，需要不断地进行优化和调整，以满足新的需求。

6.1.3 创建 HBase Schemad

在关系型数据库中，Schema 通常包含了表、列、数据类型、约束等详细信息。然而，在 HBase 这样的非关系型数据库中，Schema 更加灵活，允许用户在不预先完整定义表结构的情况下存储数据。它的数据模型基于列族的概念，而不是传统的行和列。每个表在 HBase 中由一个或多个列族组成，每个列族下可以有任意数量的列。这种设计使得 HBase 在处理大规模数据时具有极强的性能。HBase 数据库的 Schema 对象见表 6－3。

表 6－3 HBase 数据库的 Schema 对象

Schema 对象	描述
命名空间（Namespace）	表的逻辑分组，用于区分不同的应用或不同的用户组；HBase 默认有两个命名空间：hbase 和 default。hbase 命名空间用于存储数据库的系统表。default 命名空间是默认命名空间，当用户未显式指定命名空间时，使用 default 命名空间。 一般用于云存储环境中多租户的数据存储应用场景。通过创建不同的、独立的命名空间来隔离不同租户的数据，同时确保数据的安全性和访问控制，租户只能在属于自己的命名空间中存储和访问数据

续表

Schema 对象	描述
表（Table）	表对象是存储数据的容器，一个表属于一个命名空间，是通过定义一系列的列族来创建的
列族（Column Family）	列族对象用于表示表对象中关于列的逻辑分组。它在表创建时定义，且一旦创建，列族名不可更改。列族对象可以对每个列族进行属性配置（如版本号、压缩设置等）
列限定符（Column Qualifier）	可以理解为“列”，是存储数据的实际位置，它属于某个列族。列由列族名和限定符（Qualifier）组成。 格式为：<column family>:<qualifier> 不需要在表创建时定义，由客户端代码通过 API 动态添加
行键（Row Key）	行键是表中每一行的唯一标识。行键的选择和设计策略会直接影响数据的分布和检索效率，以及 HBase 的性能和扩展性

在 HBase 中创建 Schema 时，首先要定义表名以及与之关联的列族，这为数据存储提供了一定程度的结构化框架；而列却是动态的，可以在运行时随时添加新列而无须修改表的结构，表中的每一行都不需要拥有完全相同的列，不同的行可以有不同的列集合。此外，列不强制要求数据类型，所有的数据都以字节数组的形式存储。综合以上特点，HBase 的 Schema 也称为“半结构化模式（Semi-structured Schema）”。

Schema 的创建可以通过在 HBase Shell 执行脚本命令或者在客户端代码通过调用 API 接口来实现。

1. 通过 HBase Shell 执行脚本命令创建 Schema

根据前面提到的博客系统构建 Schema。需求较为简单，该 Schema 只需要一个 Table——BlogPosts 就可以实现应用数据的存储。

（1）定义 'BlogPosts' 表并指定列族。

```
create 'BlogPosts', 'AuthorInfo', 'PostContent', 'PostMeta'
```

使用 creat 命令创建一个 'BlogPosts' 表，并指定 'AuthorInfo','PostContent','PostMeta' 这 3 个列族，将存储信息规划为 3 个逻辑分组，分别是作者信息、博客帖子信息和元数据信息。分组中的内容由数据插入时定义的列限定符进一步描述。

（2）向表中写入数据。

1）记录博客作者的姓名。

```
put 'BlogPosts', 'post1', 'AuthorInfo:name', 'Alice'
```

在 BlogPosts 表中，为行键为 post1 的行、AuthorInfo 列族下的 name 列插入数据，值为 Alice。

2）记录博客作者的邮件地址。

```
put 'BlogPosts', 'post1', 'AuthorInfo:email', 'alice@example.com'
```

在 BlogPosts 表中，为行键为 post1 的行、AuthorInfo 列族下的 email 列插入数据，值为 alice@example.com。

3）记录博客的标题。

put 'BlogPosts', 'post1', 'PostContent:title', 'Welcome to HBase'

在 BlogPosts 表中，为行键为 post1 的行、PostContent 列族下的 title 列插入数据，值为 Welcome to HBase。

4）记录博客的内容。

put 'BlogPosts', 'post1', 'PostContent:body', 'This is my first blog '

在 BlogPosts 表中，为行键为 post1 的行、PostContent 列族下的 body 列插入数据，值为 This is my first blog。

5）记录博客发布的时间。

put 'BlogPosts', 'post1', 'PostMeta:timestamp', '2024-01-15T10:00:00Z'

在 BlogPosts 表中，为行键为 post1 的行、PostMeta 列族下的 timestamp 列插入数据，值为 2024-01-15T10:00:00Z。

6）记录博客的标签。

put 'BlogPosts', 'post1', 'PostMeta:tags', 'HBase,Tutorial'

在 BlogPosts 表中，为行键为 post1 的行、PostMeta 列族下的 tags 列插入数据，值为 THBase,Tutorial。

最终得到的 'BlogPosts' 表的逻辑结构见表 6－4。

表 6－4 'BlogPosts' 表的逻辑结构

Row Key	AuthorInfo: name	AuthorInfo: email	PostContent: title	PostContent: body	PostMeta: timestamp	PostMeta: tags
post1	Alice	alice@example.com	Welcome to HBase	This is my first blog	2024-01-15T 10:00:00Z	HBase,Tutorial

2. 通过 Java API 创建 Schema

以下是应用程序通过 Java API 创建 Schema 的代码。

```
import org.apache.hadoop.conf.Configuration;
import org.apache.hadoop.hbase.HBaseConfiguration;
import org.apache.hadoop.hbase.TableName;
public class SimpleHBaseClient {
    public static void main(String[] args) throws Exception {
        // 初始化 HBase 配置
public class HBaseBlogPosts {
```

```
    public static void main(String[] args) throws Exception {
        //  Step 1：设置 HBase 配置参数
        Configuration config = HBaseConfiguration.create();
        //假设 HBase 服务运行在本地
        config.set("hbase.zookeeper.quorum", "localhost");
        config.set("hbase.zookeeper.property.clientPort", "2181");
        //  Step 2：建立连接
        try (Connection connection = ConnectionFactory.createConnection(config);
             Admin admin = connection.getAdmin()) {
            TableName tableName = TableName.valueOf("BlogPosts");
            //  Step 3：如果"BlogPosts"表不存在则创建表，指定列族
            if (!admin.tableExists(tableName)) {
                HTableDescriptor tableDescriptor = new HTableDescriptor(tableName);
                tableDescriptor.addFamily(new HColumnDescriptor("AuthorInfo"));
                tableDescriptor.addFamily(new HColumnDescriptor("PostContent"));
                tableDescriptor.addFamily(new HColumnDescriptor("PostMeta"));
                admin.createTable(tableDescriptor);
            }
                        try (Table table = connection.getTable(tableName)) {
// 创建一个 Put 实例，指定行键，值为"post1"
                Put put = new Put("post1".getBytes());
// 向 Put 实例中添加数据，参数分别是列族、列限定符、值
                put.addColumn("AuthorInfo".getBytes(), "name".getBytes(), "Alice".getBytes());
                put.addColumn("AuthorInfo".getBytes(), "email".getBytes(), "alice@example.
com".getBytes());
                put.addColumn("PostContent".getBytes(), "title".getBytes(), "Welcome to
HBase".getBytes());
                put.addColumn("PostContent".getBytes(), "body".getBytes(), "This is my first
blog post...".getBytes());
                put.addColumn("PostMeta".getBytes(), "timestamp".getBytes(),
"2024-01-15T10:00:00Z".getBytes());
                put.addColumn("PostMeta".getBytes(), "tags".getBytes(), "HBase,Tutorial".
getBytes());
                //将数据插入表中
table.put(put);
            }
        }
    }
}
```

6.2 HBase Schema 设计

6.2.1 访问模式

数据访问模式是指应用程序对数据进行读写操作的流程，包括查询、更新、删除等。数据访问模式对于数据库架构设计具有重要影响，这是因为不同的访问模式对数据结构、索引和性能优化策略的要求不同。了解和分析应用程序的主要访问模式有助于合理设计 HBase 表。我们将应用系统的读写模式分为 3 种类型：读取密集型、写入密集型和混合型。读取密集型应优化列族和缓存策略，降低读取延迟；写入密集型需关注行键分布和写入缓冲，避免热点问题；混合型则需平衡读写性能，可能需要更细致的行键设计和数据分割策略。

1. 根据访问模式选择合适的列族

读取密集型应用可以选择紧凑型列族，以提高数据压缩率并减少存储空间；写入密集型应用可以选择稀疏型列族，以便更快地插入和更新数据。混合型应用可以根据访问需求，合理分配列族类型。

2. 设计合适的索引

针对访问模式，为常用的查询条件创建索引，可以大大提高查询性能。在读取密集型应用中，可以为筛选条件创建索引；在写入密集型应用中，可以为更新和删除操作创建索引。

6.2.2 HBase Schema 设计的原则

HBase 具有独特的数据存储特性，深入了解这些特性有助于进一步理解设计原则。

1. HBase 的数据库特性

（1）HBase 面向列存储，表中的数据是按照列进行组织和存储的。在物理存储上，列族数据会被存储在独立的文件（HFiles）中，不同列族中的列数据项存储在不同的文件中。数据项以键值对（Key/Value）的形式存储，“键”由行键、列族、列限定符和时间戳组成。Key/Value 不支持基于多个键的查询或连接（Join）操作，这意味着不能像在关系型数据库中那样，进行复杂数据关系处理和复杂查询。

（2）HBase 的表格被划分为多个区域（Region），每个区域包含一部分行。主节点根据 Region 策略，将 Region 分布在各 RegionServer 上。行在表中的位置是由行键的字典序排列机制决定的，这意味着，行键值的设定对数据在集群中的分布具有重要的影响。

（3）在 HBase 中，每个数据单元格能够存储多个历史版本的数据，这些不同版本的数据通过时间戳来区分和管理。更新一个数据时，HBase 不会直接替换旧的数据，而是会添加一个新的数据版本到单元格中。这意味着 HBase 具备数据历史跟踪和数据回滚能力。

（4）在 HBase 中，每条数据都是通过行键来查找的，行键是 HBase 表中唯一自动创建的索引，用于快速定位数据。HBase 不支持直接创建额外的索引（二级索引），因此不能直接在其他列上建立额外的索引来加速查询，但可以通过安装扩展组件或构建索引表的方式来满足二级索引的需求。

（5）HBase 提供单行事务的原子性操作，不支持跨多行的传统事务。对于同一行的所有操作（无论是对单列的操作，还是对多列的操作），都作为一个整体来执行。也就是说，这些操作要么全部成功，要么全部失败，不会出现部分列更新成功而其他列更新失败的情况。这样可以保证数据的一致性和完整性。如果业务场景复杂，需要多行或多表事务支持，则需要考虑其他数据库解决方案或在应用层实现复杂的事务管理逻辑。

2. HBase Schema 设计的基本原则

基于 HBase 的数据库特性，HBase Schema 设计需要遵循以下基本原则：

（1）明确业务需求。在设计 Schema 之前，要明确业务需求，包括将要处理的数据类型、数据访问模式以及数据量的预期增长。这些信息对于表的设计、列族的组织和确定数据分区策略至关重要。

（2）合理设计行键。合理的行键设计可以确保数据均匀分布，支持高效的查询，并避免数据热点问题，从而提升系统整体性能。

（3）合理规划列族。HBase 通过列族来组织数据，因此列族的设计也是 Schema 设计的重要一环。列族应该根据数据的访问模式和业务需求进行划分，将需要频繁的、一起访问的列放在同一个列族中，以减少 I/O 操作和提高查询性能。同时，列族的数量不宜过多，以避免管理复杂。

（4）考虑数据分区策略。HBase 通过 Region 对数据进行分区，以实现数据的水平切分和负载均衡。设计时，需要考虑数据的分区策略，包括 Region 的数量、大小和分布等。合理的分区策略可以提高数据的并发访问性能和容错性。

（5）考虑数据冗余和容错性。HBase 提供了数据冗余和容错机制，如多副本存储和 Region 复制等。设计时，需要考虑到这些机制，以确保数据的可靠性和可用性。例如，可以通过设置合理的副本数来提高数据的容错性。

（6）考虑数据的生命周期。设计时，还需要考虑数据的生命周期，包括数据的生成、存储、访问和归档等。例如，对于过期的数据，可以考虑使用 HBase 的 TTL（Time-To-Live）功能自动删除，以节省存储空间和提高查询性能。

HBase Schema 设计是一个复杂且重要的过程，需要综合考虑业务需求、数据访问模式、性能要求、容错性和扩展性等因素。

6.2.3 表结构设计

HBase Schema 的设计主要体现在表的结构设计。HBase 表设计较为灵活，主要是确保大数据量场景下能够高效、安全地读写数据。

1. 将具有相似结构的数据集存储在同一个表中，而不是存储在单独的表中

HBase 数据库的 Key/Value 存储和动态列特性为其提供了强大的灵活性和可扩展性，使得它能够在理论上支持用单张表来存储各种结构模式的数据集。然而，当数据规模扩大后，一个表中会存在不同访问模式的数据集，带来性能、可扩展性、安全性与隔离性等方面的问题。在具体实践中，我们通常按应用场景或主题来设计表，应注意避免将具有相似结构的数据集用不同的表来存储。

假设某企业级客户关系管理（CRM）系统有两个主要数据集：客户信息和潜在客户信息。这两个数据集通常用于支持销售和市场活动的决策。

“客户信息”包含详细的客户资料，如 CustomerID、Name、E-mail、Phone、Industry、AccountManager、ContractStartDate、ContractEndDate 等字段。用途是管理已成交客户的信息，支持客户服务、合同管理和续约等业务流程。

“潜在客户信息”包含潜在客户的数据，如 LeadID、Name、E-mail、Phone、Industry、PotentialValue、LeadSource、EstimatedCloseDate 等字段。用途是追踪销售线索、跟踪市场活动和销售转化分析。

考虑到这两个数据集在结构上的相似性以及相似的业务用途（都用于管理和跟踪联系人信息），我们可以将它们存储在同一张 HBase 表中，通过设计来优化读写效率和数据管理。

2. 规划区域（Region）大小

Region 的范围为 10 ～ 50GB。太小的 Region 可能导致 Region 频繁分裂，使文件数量过多，增加文件系统的压力，进而增加了管理开销；而太大的 Region 可能在服务器发生故障后影响数据恢复速度，增加单个 Region 的处理时间，并导致内存不足。

在创建表时，可以预先设定 Region 分裂策略，预测并分配合适数量的 Region，以控制 Region 的初始大小和增长。如进行合理的 hbase.hregion.max.filesize 配置，以便自动控制 Region 的最大值，避免 Region 过大。

例如，在金融服务应用中，频繁的交易更新可能导致 Region 快速增长和频繁分裂。预设 hbase.hregion.max.filesize 为 20GB，可以有效管理 Region 的大小。

3. 每个表有 1 ～ 3 个列族

理想的列族数量通常为 1 ～ 3 个，因为每个列族存储在不同的 HFile 中，多个列族可能会增加存储管理和内存使用的复杂性。

以电商平台为例，可以将商品信息、用户评价和销售数据设计为 3 个列族。这样的设计不仅保证了列数据的逻辑关联性，也优化了特定查询的性能，如仅查询商品信息而不加载用户评价。

4. 使列族名称尽可能短

列族名称在 HBase 中是与每个键值对一起存储的，过长的列族名称会消耗过多的存储空间。

例如，在设计一个库存管理系统时，可使用 stk（库存）和 trn（交易）作为列族名称，而不是使用完整的描述性名称。

5. 规划单元格大小

在 HBase 中，单元格的大小限制为 10MB，使用大对象（Medium Object Blob，MOB）特性时可扩展到 50MB。如果需要在 HBase 中存储用户的头像或较大的 PDF 文档，建议将实际文件存储在 HDFS 中，然后在 HBase 单元格中保存指向这些文件的指针。这种方式利用了 HBase 的高效读写性能，同时避免了在 HBase 中直接处理大尺寸对象可能引发的性能问题。

MOB 特性是专为存储和管理大型数据对象（通常大于 10MB）设计的。当数据大小超过设定的阈值时，这些数据不会存储在常规的 HBase 表中，而是作为大对象存储在专用的 HDFS 文件里，HBase 表中存储的是指向这些大对象的指针。MOB 特性需要在列族级别通过设置 IS_MOB 为 true 和定义 MOB_THRESHOLD 来启用。MOB_THREHOLD 属性用于设置对象大小的阈值，超过的数据会被视为大对象。

以上内容为表设计时一些通用的实践指导，更为详细的内容在下面的“列族规划”与“Row Key 设计”部分介绍。

6.2.4 列族规划

在 HBase 中进行列族规划是设计高效 HBase 表的关键一环。列族在 HBase 中的配置和优化情况将直接影响数据存储效率、访问效率以及系统整体性能。

1. 根据访问模式组织列族

将经常一起被访问的数据字段放在同一个列族中。例如，如果用户的个人信息经常一起被访问，那么姓名、地址、电话等字段应该放在同一个列族中。

考虑数据的更新频率。可以将频繁变动的数据单独放在一个列族中，以优化 MemStore 的刷新策略并减少对稳定数据的影响。

2. 限制列族数量

HBase 官方推荐每个表中的列族数量应该限制在一个较小的范围，通常是 1 ～ 3 个。过多的列族会增加内存消耗，因为每个列族至少需要一个 MemStore 和一个 BlockCache。

此外，由于同一个列族中的所有列都存储在同一个 HFile 中。过多的列族意味着需要从多个列族读取数据，涉及多个 HFile，会导致更频繁的磁盘 I/O 操作，容易产生性能瓶颈。

3. 列族名称尽量简短

列族名称存储在每个单元格中，并在数据读取、内存占用、网络传输和数据处理时产生影响。简短的列族名称可以降低每个单元格的存储需求，降低内存和网络带宽的消耗，从而提高系统的整体性能。

4. 平衡列族的基数

如果一个表存在多个列族，要注意列族之间基数（如行数）相差不要太大。例如，列族 A 有 100 万行，列族 B 有 10 亿行，按照行键切分后，列族 A 可能被分散到很多地域（RegionServer），这导致扫描列族 A 十分低效。因此，应尽量保持列族中数据量的平衡，避免某个列族的数据量过大或过小。

对于某些高基数的列族，可以考虑将它们拆分成独立的表，这种方式有助于处理极端情况。例如，一个列族的数据量远大于其他列族时，拆分后，可以针对性地优化这些表的性能和存储效率。

5. 如果某个列族会有大量的写入，应分配更多的内存资源

如果预见到某个列族会有大量的写入，应为其分配更多的内存资源，以避免性能瓶颈。

在 HBase 中，每个列族都有自己的内存区域（MemStore）用于暂存写入的数据。如果某个列族的写入操作特别频繁，它的 MemStore 会快速积累数据，相应地也会消耗更多的内存，同时引发频繁的 I/O 操作，从而影响系统整体性能。

设置 MemStore 刷新阈值时需要考虑整个集群的内存容量和其他内存需求，避免造成系统过载或内存不足。此设置对于调节写入性能和读取性能之间的平衡非常关键，设置得过大或过小都可能对性能产生负面影响。

那么，MemStore 刷新阈值设为多少合适呢？常用的方法是设置初始阈值后，通过监控工具（如 HBase 自带的监控页面或第三方监控系统）跟踪系统的表现，然后根据监测到的性能指标（如写入延迟、内存使用情况等）调整阈值。

可以通过 HBase 的 Shell 命令，在创建表时为每个列族指定不同的 MEMSTORE_FLUSHSIZ（MemStore 刷新阈值），具体如下：

```
create 'tableName', {NAME => 'columnFamily1', MEMSTORE_FLUSHSIZE => '10485760'},
{NAME => 'columnFamily2', MEMSTORE_FLUSHSIZE => '20971520'}
```

Shell 命令创建了一个新的表 tableName，其中包含两个列族 columnFamily1 和 columnFamily2。为 columnFamily1 设置了 10MB 的 MemStore 刷新阈值，为 columnFamily2 设置了 20MB 的刷新阈值。

以下 API 代码演示了如何针对列族设置 MemStore 刷新阈值。通过创建相应的 HcolumnDescriptor 对象，调用 setMemStoreFlushSize() 方法来实现。

```
// 定义列族 columnFamily1，并设置 MemStore 刷新阈值为 10MB
HColumnDescriptor columnFamily1 = new HColumnDescriptor("columnFamily1");
columnFamily1.setMemStoreFlushSize(10485760L); // 10MB
// 定义列族 columnFamily2，并设置 MemStore 刷新阈值为 20MB
HColumnDescriptor columnFamily2 = new HColumnDescriptor("columnFamily2");
columnFamily2.setMemStoreFlushSize(20971520L); // 20MB
```

6.2.5 Row Key 设计

1. Row Key 的概念

评估 HBase 表设计的优劣，关键在于衡量其 Row Key 的设计质量。可以说，Row Key 在 HBase 中扮演着至关重要的角色。

（1）Row Key 的特点。

1）类似 MySQL、Oracle 中的主键，用于标示唯一的行。

2）完全由用户指定的一串不重复的字符串。

3）HBase 中的数据永远是根据 Row Key 的字典序来排列的。

（2）Row Key 的作用。

1）读写数据时通过 Row Key 找到对应的 Region。

2）MemStore 中的数据按 Row Key 字典序排列。

3）HFile 中的数据按 Row Key 字典序排列。

（3）Row Key 对查询的影响。

HBase 提供了 get 和 scan 两种查询方法，分别对应“点查询”和“范围查询”。get 查询，必须提供精确的 Row Key，可精确查询单行数据。scan 查询，则需要提供起始行（STARTROW）和结束行（STOPTOW）的 Row Key，可查询多行数据。以下为 Shell 命令下的两种查询模式示例：

点查询：

```
get 'tableName', 'Row Key', {COLUMN => 'columnFamily:columnQualifier'}
```

范围查询：

```
scan 'tableName', {STARTROW => 'startRow Key', STOPROW => 'stopRow Key', COLUMNS =>
'columnFamily:columnQualifier'}
```

可见，无论采用哪种查询方法，Row Key 都是必须提供的参数。此外，范围查询时提供的 startRow Key 和 stopRow Key，除了可以使用完整的 Row Key，还可以使用 Row Key 的前缀来构造查询范围。

假设有一个日志管理系统，表 logsTable 用于存储各用户调用的应用服务的日志信息。表中每行的 Row Key 由 serviceID、userID 和 timestamp 这 3 部分内容组成，结构为 serviceID_userID_timestamp，serviceID 表示服务 ID，userID 表示用户 ID，timestamp 表示日志的时间。为了便于区分各部分内容，可以使用下划线“_”作为字段间的分隔符，也可以使用其他形式的分隔符。

假设表中的行的 Row Key 值如下：

```
1    serviceA_user1_20240810T000000
2    serviceA_user1_20240811T000000
3    serviceA_user2_20240810T000000
4    serviceB_user1_20240810T000000
5    serviceB_user2_20240810T000000
```

如果希望查询 ID 为 serviceA 的服务的日志，可以通过提供 Row Key 的前缀来构造查询。

```
scan 'logsTable', {STARTROW => 'serviceA ', STOPROW => 'serviceB'}
```

在这里，STARTROW 的值为 'serviceA'，该值只是 Row Key 中的前缀，并非完整的键值。STOPROW 的值为 'serviceB'，表示扫描到 serviceB 开头的第一行前为止。这样就可以查询出所有关于 ID 为 serviceA、所有用户、所有时间的日志，对应表中的 1、2、3 行。

如果希望查询用户 ID 为 user1、服务 ID 为 serviceA 的所有时间的日志，则可以继续使用 Row Key 的前缀来实现。

```
scan 'logsTable', {STARTROW => 'serviceA_user1_', STOPROW => 'serviceB'}
```

此查询可得到表中的 1、2 行。

如果希望查询 user1 的所有服务、所有时间的日志。则无法使用前缀扫描方式来高效获取结果，这是因为 userID 不在 Row Key 的开头。要达到该需求，可以在全表扫描后，通过行键过滤器来实现。具体如下：

```
scan 'logsTable', {FILTER => "RowFilter(=, 'substring:user1')"}
```

这种方式效率较低，在实际应用中，对于需要频繁查询的内容，应考虑重新设计 Row Key 的结构，尽量避免全表扫描的情况。例如，如果查询需求主要关注用户的日志，则可以考虑将 Row Key 的结构设计为 userID_serviceID_timestamp；如果主要查询是基于时间范围，则可以考虑将 Row Key 的结构设计为 timestamp_userID_serviceID。

综上，在设计 Row Key 时需要考虑以下几点：

- 根据查询模式来设计 Row Key。
- 尽量将主要查询的字段体现在 Row Key 中。
- 将最常用的查询字段放在 Row Key 的前缀位置，以支持前缀扫描，从而提高查询效率。

（4）Row Key 对 Region 划分的影响。

HBase 表的数据按照 Row Key 来分散到不同的 Region，不合理的 Row Key 设计会导致热点问题。热点问题是指大量的 Client 直接访问集群的一个或极少数节点，集群中的其他节点却处于相对空闲的状态。如表 6－5 所示，Region1 中的数据是 Region2 的 5 倍，这样会导致 Region1 的访问频率比较高，进而影响这个 Region 所在机器的其他 Region。

表 6－5　不合理的 Region 设计

		info			office	
Region1	Row Key	name	city	phone	tel	address
	00001	张三	北京	13111111111	010-1111111	一二一大街 18F-01
	000011	李四	上海		021-4444444	一二一大街 19F-02
	00002	王五	武汉	18655555555	027-3333333	一二一大街 18F-02
	00003	赵六	深圳	15166666666		
	00004	孙七	北京		010-7777777	一二一大街 18F-03
Region2	00005	周八	深圳	15388888888	0755-9999999	一二一大街 18F-05
Region3	00006	吴九	杭州	13599999999	0571-5555555	一二一大街 18F-06
	00007	郑三	西安	1879999599		一二一大街 19F-09

（5）Row Key 设计原则。

1）Row Key 唯一原则。HBase 中的数据存储形式是 Key-Value，若在 HBase 中的同一个表插入相同的 Row Key，则原来的数据会被覆盖（表的 version 设置为 1 时），所以务必保证 Row Key 的唯一性。

2）Row Key 长度原则。建议将 Row Key 的长度设置得越短越好，人们通常将其设置为 10 ～ 100 字节。

3）Row Key 散列原则。设计的 Row Key 应均匀地分布在各个 HBase 节点上。如果 Row Key 按系统时间戳的方式递增，而且 Row Key 的第一部分是时间戳信息，那么将导致所有新数据都在一个 RegionServer 上堆积的热点现象，也就是通常说的 Region 热点问题。大量 Client 的直接访问（读、写或其他操作）集中在个别 RegionServer 上，会导致单个 RegionServer 负载过高、性能下降，甚至 Region 不可用，常见情况是发生 JVM full gc 或者显示 Region too busy 异常。当然，这也会影响同一个 RegionServer 上的其他 Region。

2. Row Key 设计技巧

如何避免热点问题是设计 Row Key 时需要重点考虑的，下面将介绍确保数据均衡分布的 3 种 Row Key 设计技巧。

（1）加盐（Salting）。

加盐是指在 Row Key 的前面增加随机数，即给 Row Key 分配一个随机前缀，使得它和之前的排序不同。分配的前缀的种类数同数据分散到的 Region 的数量一致。加盐之后的 Row Key 根据随机生成的前缀分散到各个 Row Key 上，以避免热点问题。

例如，有下列 Row Key，表中的每个 Region 对应字母表的每个字母。即以 a 开头的是同一个 Region，以 b 开头的是同一个 Region。该表中，所有以 'f' 开头的都在同一个 Region，它们的 Row Key 如下：

```
foo0001
foo0002
foo0003
foo0004
```

将上面的 Region 分散到 4 个 Region，可用 4 个不同的盐 a、b、c、d 来实现。在这个方案下，每个字母前缀都会在不同的 Region 中。加盐之后就有了下面的 Row Key：

```
a-foo0003
b-foo0001
c-foo0004
```

```
d-foo0002
```

向 4 个不同的 Region 进行写操作，理论上将拥有之前 4 倍的吞吐量。现在再增加一行，它将随机分配 a、b、c、d 中的一个作为前缀，并以一个现有行作为尾部来结束。因为分配是随机的，所以如果以字典序取回数据，加盐这种方式就会增加写操作的吞吐量，但是在读操作时会产生额外代价。由于添加了随机前缀，当按照字典序取回数据时，原本相关的数据可能会被分散到不同的位置。这增加了读操作的复杂性，因为系统需要执行额外的步骤来重新组织这些数据，以便按照原始顺序或某种业务逻辑进行呈现。

```
a-foo0003
b-foo0001
c-foo0003
c-foo0004
d-foo0002
```

（2）哈希（Hash）。

哈希会使同一行永远用一个前缀加盐。哈希也可以使负载分散到整个集群，但是读操作却是可以预测的。使用确定的哈希可以让客户端重构完整的 Row Key，并使用 get 操作准确获取某一个行数据。

Hash 是一种常用的生成 Row Key 的方法，它可以通过 SHA 或 MD5 方式生成一串随机的字符串，这样可以保证数据均匀地分布在各个 RegionServer 上，以此来提高读写性能。只要 Region 所管理的 start-end keys 的范围比较随机，就可以解决写热点问题。例如下面的 Row Key：

```
foo0001
foo0002
foo0003
foo0004
```

使用 md5 命令计算这些 Row Key 的 Hash 值，然后取前 6 位和原来的 Row Key 拼接得到新的 Row Key：

```
95f18cfoo0001
6ccc20foo0002
b61d00foo0003
1a7475foo0004
```

通过将 Hash 值作为 Row Key 的前缀，可以在一定程度上打散整个数据集，使数据均匀分布。但这种方法不利于构造 scan 前缀查询。

（3）反转（Reversing）。

反转固定长度或者数字格式的 Row Key 可以将 Row Key 中经常改变（最没有意义）的部分放在前面。这样可以增加 Row Key 的随机性，但是牺牲了 Row Key 的有序性。以手机号为例，可以将手机号反转后的字符串作为 Row Key，这样就避免了手机号的固定开头导致的热点问题。

3. Row Key 的长度

Row Key 可以是任意的字符串，最大长度 64KB（因为 Rowlength 占 2 字节）。建议将 Row Key 的长度设置得越短越好的原因如下：

（1）数据在持久化文件 HFile 中是按照 KeyValue 存储的，如果 Row Key 过长，例如超过 100 字节，那么 1000 万行数据，仅 Row Key 就要占用 100*1000 万 =10 亿字节，将近 1G 数据，会极大地影响 HFile 的存储效率。

（2）MemStore 将缓存部分数据到内存，如果 Row Key 字段过长，内存的有效利用率就会降低，系统又不能缓存更多的数据，这样会降低检索效率。

4. 常见的 Row Key 设计案例

（1）交易类表 Row Key 设计。

要查询某个卖家某段时间内的交易记录，可按以下模板设计：

```
sellerId + timestamp + orderId
```

要查询某个买家某段时间内的交易记录，可按以下模板设计：

```
buyerId + timestamp + orderId
```

根据订单号查询 orderNo 时，如果某个商家卖了很多商品，可按以下模板设计，实现快速搜索：

```
salt+sellerId + timestamp
```

其中，salt 是随机数。

此模板支持的场景包括以下 3 种：

1）全表 scan。

2）按照 scllcrId 查询。

3）按照 sellerId + timestamp 查询。

（2）金融风控 Row Key 设计。

要查询某个用户的用户画像数据，可按以下模板设计：

- prefix + uid
- prefix + idcard
- prefix + tele

其中，prefix = substr(md5(uid),0,x)，x 的范围为 5 ～ 6。uid 表示用户唯一标识符，idcard 表示身份证，tele 表示手机号码。

（3）车联网 Row Key 设计。

要查询某辆车在某个时间范围的交易记录，可按以下模板设计：

```
carId + timestamp
```

如果某批次的车太多，造成热点，可按以下模板设计：

```
prefix + carId + timestamp 其中 prefix = substr(md5(uid),0,x)
```

（4）查询最近的数据。

要查询用户最新的操作记录或者查询用户某段时间的操作记录，可按以下模板设计：

```
uid + Long.Max_Value - timestamp
```

此模板支持的场景包括以下两种：

1）查询用户最新的操作记录：

```
scan [uid] startRow uid stopRow uid
```

2）查询用户某段时间的操作记录：

```
scan [uid] startRow uid stopRow uid
```

如果 Row Key 无法满足需求，可以尝试二级索引。Phoenix、Solr 和 ElasticSearch 都可以用于构建二级索引。

6.3 HBase 数据分区与压缩

6.3.1 HBase 数据分区

HBase 数据分区是 HBase 中的一个重要概念，它将表中的数据按照一定的规则进行划分和存储。分区的目的是将数据分散存储在集群的不同节点上，以实现数据的均衡存储和快速访问。

以下情况需要进行数据分区：

（1）数据量庞大。

当表中的数据量非常大时，如果不进行分区，所有数据都存储在同一个节点上，会导致节点压力过大、读写性能下降。通过数据分区，可以将数据分散到不同的节点上，实现负载均衡，提高系统的整体性能。

（2）查询效率要求较高。

对于一些需要频繁查询的数据，可以将它们存储在同一个节点上，以减少跨节点的数据传输、避免网络延迟。通过合理的数据分区，可以提高查询效率，满足业务实时性要求。

在 HBase 中，分区是自动进行的，不过也可以通过预分区来手动指定分区的范围和规则。预分区可以根据业务需求和数据特点来进行，以便更好地控制数据的存储和访问。具体来说，预分区可以在创建表时实现，也可以在表创建后通过修改表结构来实现。可以基于行键的范围、哈希值等规则进行预分区，以便将相似的数据存储在同一个节点上。

另外，还可以通过制定分区策略来实现数据的热点均衡、负载均衡等。合理的分区策略可以避免数据倾斜和单点故障，提高系统的性能。例如，可以使用一致性哈希算法来实现热点的自动迁移和负载均衡，以确保集群中各节点的负载相对均衡。

6.3.2 HBase 数据压缩

HBase 支持在存储数据时进行压缩，以便少占用存储空间。压缩的作用主要包括降低存储成本、减少磁盘读取量、提高读取性能等。HBase 支持多种压缩算法，如 GZIP、Snappy 等。

（1）HBase 中不同压缩方式的特点。

1）GZ（GZIP）：用于冷数据压缩，与 Snappy 和 LZO 相比，GZIP 的压缩率更高，但更消耗 CPU，解压 / 压缩速度更慢。

2）Snappy 和 LZO：用于热数据压缩，占用 CPU 少，解压 / 压缩速度比 GZ 快，但压缩率不如 GZ 高。其中，Snappy 整体性能优于 LZO，Snappy 压缩率比 LZO 更低，解压 / 压缩速度更快。

3）LZ4 与 LZO：LZ4 的压缩率和 LZO 的压缩率相差不多，但是 LZ4 的解压 / 压缩速度更快。

（2）HBase 的数据压缩步骤。

步骤 1：禁用表。使用 disable 'table' 命令禁用表。

步骤 2：更新表格命令。使用 alter 'table', NAME => 'f1', COMPRESSION => 'snappy' 命令设置压缩格式。其中，“table”是要进行压缩的表名，“f1”是要进行压缩的列族名，“snappy”是要使用的压缩方式。用户也可以使用类似方法设置其他压缩方式，如 LZO、GZ、LZ4 等。

步骤 3：启用表。使用 enable 'table' 命令启用表。

步骤 4：进行 major_compact 操作。使用 major_compact 'table' 命令对表进行 major_compact 操作，强制压缩。

步骤 5：查看压缩格式是否修改成功。使用 describe 'table' 命令查看表的描述信息，包括列族的压缩格式等。

选择压缩方式时，需要根据业务需求（解压 / 压缩速率、压缩率等）选择不同的压缩格式。通常，Snappy 或 LZO 是比较好的选择，因为它们的压缩开销低，能节省空间。

需要注意的是，虽然压缩可以减少存储空间并提高读取性能，但也会增加 CPU 的计算开销和磁盘 I/O 负载。因此，在压缩时需要权衡这些因素，并根据实际需求来选择。

6.4 HBase 表的索引与查询优化

HBase 是一个分布式、可伸缩的大数据存储系统，广泛应用于海量数据的存储和处理。然而，随着数据量的增长，HBase 的查询性能可能会受到影响。为此，索引和查询优化成为解决问题的关键。

本节将详细介绍 HBase 表的索引与查询优化，包括二级索引和查询优化策略，旨在帮助学生更好地理解和应用 HBase，提高其存储和查询性能。

6.4.1 二级索引

在 HBase 中，通常不使用传统的关系型数据库的索引机制，而是通过 Row Key 进行高效的数据检索。然而，对于一些特定的查询需求，仅使用 Row Key 可能不够灵活。为了解决这个问题，HBase 支持通过在数据行中嵌入一个或多个二级索引来优化查询性能。

HBase 的二级索引是指在数据行中嵌入一个或多个额外的索引列，用于快速定位和检索数据。这些索引列的值通常是数据行的 Row Key 或其他列的值。可以通过这些索引列快速过滤和定位到目标数据行，从而加快查询速度。

1. 使用 HBase 二级索引的步骤

步骤 1：定义索引列。在 HBase 表结构中定义一个或多个额外的索引列，这些列可以是静态的，也可以是动态生成的。

步骤 2：数据插入和更新。在插入或更新数据时，将相应的索引值存储在索引列中。这可以通过在 HBase Shell 或编程 API 中执行相应的操作来完成。

步骤 3：创建索引表（可选）。根据需要，可以创建一个独立的索引表来存储索引数据。索引表的结构可以根据实际需求来设计。

步骤 4：查询优化。在查询时，利用索引列来过滤和定位目标数据行。这可以通过 HBase 提供的过滤器（Filter）机制来实现。

步骤 5：维护和管理。定期维护和管理索引数据，确保其准确性和一致性，这包括索引数据的过期处理、更新和删除等操作。

需要注意的是，虽然二级索引可以提高查询性能，但它也会占用存储空间并增加维护开销。因此，在使用二级索引时，需要权衡利弊，根据实际需求来选择和使用。

2. HBase 二级索引案例

场景描述：假设我们有一个电商网站，该网站使用 HBase 存储商品信息。每个商品都有唯一的 ID 作为行键，并且有多个列用于存储商品属性，如名称、价格、评分等。现在，我们想实现通过商品名称进行快速检索，以便在用户搜索时能够快速返回相关商品。

解决方案：可以使用 HBase 二级索引来实现，即为商品名称列创建一个二级索引，以便在查询时能够快速定位到相关行。

操作步骤如下：

步骤 1：创建商品名称列的二级索引表。这个表的结构与原始商品表类似，但行键是商品名称，而不是商品的唯一 ID。

步骤 2：插入或更新商品数据时，同时更新二级索引表中的数据。也就是将原始表中每行数据的商品名称列的值作为键，将该行的唯一 ID 作为值插入二级索引表。

步骤 3：查询商品时，先查询二级索引表，根据输入的商品名称获取相关行的唯一 ID 列表。

步骤 4：根据唯一 ID 列表，查询原始商品表，获取完整的商品信息。

通过这种方式，我们可以在查询时跳过对原始商品表的全表扫描，直接通过二级索引表快速定位到相关行，从而提高了查询效率。

需要注意的是，二级索引的实现需要额外的存储和计算资源，因此要在系统设计和优化时加以权衡。此外，由于二级索引表与原始表是分离的，因此需要维护二级索引，确保其实时更新，以保持数据的一致性。

6.4.2 查询优化策略

（1）减少查询条件。在查询时尽量减少不必要的条件，只查询需要的数据。这样可以减少扫描的数据量，提高查询效率。

（2）使用覆盖索引。如果查询条件中使用的列有索引，那么可以利用覆盖索引来减少扫描的数据量。覆盖索引是指查询中只需要访问索引就可以得到结果，不需要访问实际的数据文件。

（3）优化过滤器。过滤器是 HBase 中用于减少扫描数据量的重要工具。合理使用过滤器，可以显著提高查询性能。例如，使用 RowFilter 和 QualifierFilter 等过滤器进行预过滤。

（4）避免使用全表扫描。全表扫描是低效的查询方式，应该尽量避免。可以通过合理设计 Row Key 和使用过滤器来减少全表扫描。

（5）批量处理查询。如果需要对多个数据进行操作，可以批量处理这些数据，减少查询次数。例如，可以使用 HBase 的批量操作 API 来一次执行多个操作。

（6）合理设置超时时间。HBase 查询默认有一定的超时时间限制。如果查询超时时间设置得太短，可能会导致查询失败或性能下降。因此，需要根据实际情况合理设置超时时间。

（7）使用压缩。对 HBase 中的数据进行压缩，可以减少存储空间占用量和网络传输量，降低 I/O 负载。选择合适的压缩算法和配置压缩参数可以提高查询性能。

单元小结

本单元首先介绍了 Schema 的概念、Schema 的设计过程及问题、HBase Schema 的构建等内容；然后讲解了 HBase Schema 的访问模式、HBase Schema 的设计原则、表结构设计、列族规划、Row Key 设计等，强调了根据业务需求规划 Schema 的重要性，以及如何通过合理的设计来保证数据的高效存取和系统的可扩展性；接着深入探讨了 HBase 表结构设计和优化的关键方面，包括行键设计、列族配置、数据分区和冗余策略等；最后讨论了物理存储结构、索引策略和查询优化等高级问题，旨在指导学生如何针对特定场景构建高性能的 HBase 应用。

练习题

1. 单项选择题

（1）HBase 中的行键设计应考虑（　　）。

A. 数据的独立性
B. 查询性能
C. 数据热点问题
D. 以上三项

（2）在 HBase 中，列族的建议数量（　　）。

A. 尽可能多
B. 1 ～ 3 个
C. 10 个以上
D. 与表的大小成正比

（3）数据在 HBase 中是（　　）进行物理存储的。

A. 在单个大文件中
B. 在分布式文件系统 HDFS 中
C. 在内存中
D. 在本地文件系统中

（4）HBase 表中的 TTL 设置用于（　　）。

A. 限制用户查询时间
B. 数据的自动删除
C. 数据备份
D. 优化查询性能

（5）HBase 支持的数据索引类型是（　　）。

A. 二级索引
B. 唯一索引
C. 全文索引
D. 行键索引

（6）HBase 中避免数据热点的一种策略是（　　）。

A. 使用单一的行键
B. 随机分配行键
C. 为每条数据创建一个列族
D. 存储大量的冗余数据

（7）HBase 的查询优化不包括（　　）。

A. 增加更多的列族
B. 优化行键设计
C. 使用过滤器减少数据扫描量
D. 预分区表

（8）设计 HBase 表时，列族名称应该（　　）。

A. 描述性尽可能强
B. 尽可能简短
C. 包含特殊字符
D. 与行键相同

（9）HBase 中，一个有效的数据分区策略是（　　）。

A. 仅按时间戳分区
B. 按用户 ID 和时间戳复合分区
C. 为每个用户创建一个表
D. 无须分区

（10）HBase 的动态扩展性指的是（　　）。

A. 自动增加列族数量
B. 动态添加和删除节点
C. 在运行时更改表的 Schema
D. 自动增加表的副本数

2. 思考题

（1）行键设计对 HBase 表性能有何影响？你会如何设计一个高效的行键？

（2）列族在 HBase 表设计中扮演什么角色？如何合理规划列族以优化系统性能和存储效率？

（3）如何利用 HBase 的 TTL 特性管理数据生命周期？具体应用场景有哪些？

（4）HBase 表的动态扩展性如何影响 Schema 设计？你在设计中如何考虑这一特性？

（5）设计 HBase 表时，应如何平衡数据冗余和容错性需求？

单元 7

MapReduce on HBase

学习导读

HBase 和 MapReduce 是 Apache Hadoop 生态系统中的两个重要组件，HBase 作为面向列的 NoSQL 数据库，可以提供高性能的数据存储和查询能力，而 MapReduce 作为分布式计算框架，可以实现大规模数据的处理和分析。HBase 和 MapReduce 集成，可以实现高效的数据处理和分析。

本单元将介绍 MapReduce 的基本概念，以及 HBase 集成 MapReduce 后如何进行数据处理和分析。

素养提升

每个人都有自己的特长和优点，如果能够充分挖掘和利用，让每个人发挥出最大潜能，那么整个团队的实力就会得到极大提升，这不仅是实现更好的进步和成长的关键，还可以为整个社会的发展做出更多的贡献。

学习目标

（1）掌握 HBase 集成 MapReduce 环境配置，独立完成 HBase 自带的 RowCounter 案例。

（2）会编写 MapReduce 程序，实现对 HBase 表数据的读取和复制。

（3）会编写 MapReduce 程序，实现对 HDFS 文件的读取，以及写入 HBase 表数据。

7.1 HBase MapReduce

7.1.1 MapReduce 简介

HBase 数据是分布式存储在 RegionServer 上的，统计和分析整体数据，仅仅使用 HBase 过滤器是无法满足实际场景需求的。此时 MapReduce 就发挥了重要作用。MapReduce 是一种用于处理大规模数据集的编程模型和算法。MapReduce 主要由 4 个部分组成，分别是 Client、JobTracker、TaskTracker 以及 Task，其架构如图 7-1 所示。

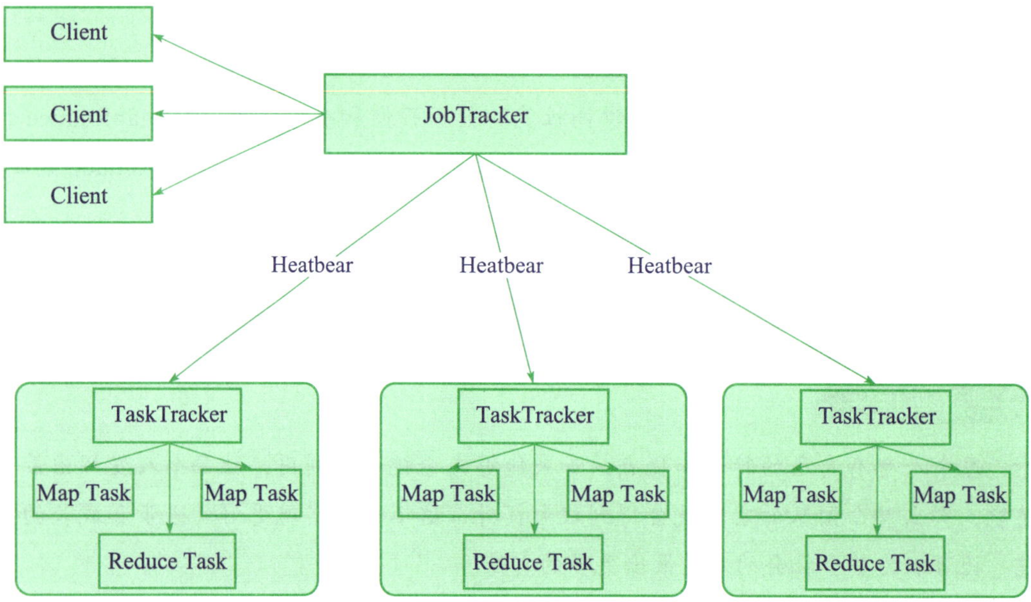

图 7-1　MapReduce 架构

1. Client

Client 是客户端，其作用有两个：一是用户可使用 MapReduce 程序通过 Client 提交任务到 JobTracker；二是用户可使用 Client 来查看一些作业的运行状态。

2. JobTracker

JobTracker 负责资源监控和作业调度。JobTracker 监控 TaskTracker 和作业的健康状况，会把失败的任务转移到其他节点上，同时监控任务的执行进度和资源使用量等情况，并把这些消息通知给任务调度器，调度器会在资源空闲时选择合适的任务来使用这些资源。

3. TaskTracker

TaskTracker 会周期性地通过 Hearbeat 向 JobTracker 汇报自己的资源使用情况和

任务运行进度。TaskTracker 接受来自 JobTaskcker 的指令来执行操作（如启动新任务、杀死任务等）。在 TaskTracker 中，slot 代表计算资源（CPU、内存等），可通过 slot 等量划分一个节点上的资源量，只有当 Task 获得 slot 的时候才有机会运行任务。

4. Task

Task 分为 Map Task 和 Reduce Task。MapReduce 中的 split 就是一个 Map Task，split 的大小可由 mapred.max.spilt.size 参数来设置，默认采用 Hadoop 中的 block 的大小，在 Hadoop 2.x 中默认是 128MB，在 Hadoop 1.x 中默认是 64MB。

7.1.2 HBase 的 MapReduce

从 MapReduce 的应用场景来看，MapReduce 是从分布式文件获取输入，然后输出到另一个文件。但是对于 HBase 分布式数据库来说，场景则是指从表到文件、从文件到表、从表到表等多种应用场景，此时传统的 MapReduce 无法满足需求，HBase 的 MapReduce 应运而生。HBase 的 MapReduce 如图 7－2 所示。

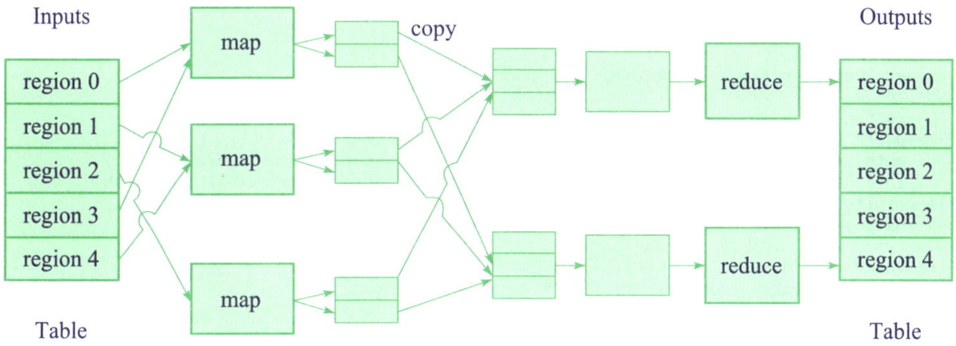

图 7－2　HBase 的 MapReduce

HBase Table 和 Region 的关系类似于 HDFS File 和 Block 的关系，HBase 提供了配套的 TableInputFormat API 和 TableOutputFormat API，可以方便地将 HBase Table 作为 Hadoop MapReduce 的 Source 和 Sink，对于 MapReduce Job 应用开发人员来说，基本不需要关注 HBase 系统自身的细节。

使用 HBase 的 MapReduce，则不能使用原生的 Map 类和 Reducer 类。HBase 定义了继承 Map 类的 TableMapper 和继承 Reducer 类的 TableReducer，如下：

```
public abstract class TableMapper<KEYOUT, VALUEOUT>
extends Mapper<ImmutableBytesWritable, Result, KEYOUT, VALUEOUT> {
}
public abstract class TableReducer<KEYIN, VALUEIN, KEYOUT>
extends Reducer<KEYIN, VALUEIN, KEYOUT, Mutation> {
}
```

对于 Mapper 类，使用 TableMapper 时，不再需要设定 4 个泛型类型，只需要确定输出到 Reducer 的 Key 和 Value 的类型，而起始偏移量及文本内容变为 HBase 特有的 Row Key 和行 Result。对于 Reduce 类，使用 TableReducer 时，最后写入的 Value 的类型不再自己设定，而变为 HBase 特有的 Mutation，由 Mutation 存入最后的数据。

7.2 HBase 集成 MapReduce 实操

7.2.1 HBase 集成 MapReduce

步骤 1：查看集成 MapReduce 需要的命令。

```
/usr/local/hbase-2.4.6/bin/hbase
```

执行结果如图 7-3 所示。

```
[root@master bin]# pwd
/usr/local/hbase-2.4.6/bin
[root@master bin]# hbase
Usage: hbase [<options>] <command> [<args>]
Options:
  --config DIR         Configuration direction to use. Default: ./conf
  --hosts HOSTS        Override the list in 'regionservers' file
  --auth-as-server     Authenticate to ZooKeeper using servers configuration
  --internal-classpath Skip attempting to use client facing jars (WARNING: unstab
le results between versions)
  --help or -h         Print this help message

Commands:
Some commands take arguments. Pass no args or -h for usage.
  shell            Run the HBase shell
  hbck             Run the HBase 'fsck' tool. Defaults read-only hbck1.
                   Pass '-j /path/to/HBCK2.jar' to run hbase-2.x HBCK2.
  snapshot         Tool for managing snapshots
  wal              Write-ahead-log analyzer
  hfile            Store file analyzer
  zkcli            Run the ZooKeeper shell
  master           Run an HBase HMaster node
  regionserver     Run an HBase HRegionServer node
  zookeeper        Run a ZooKeeper server
  rest             Run an HBase REST server
  thrift           Run the HBase Thrift server
  thrift2          Run the HBase Thrift2 server
  clean            Run the HBase clean up script
  classpath        Dump hbase CLASSPATH
  mapredcp         Dump CLASSPATH entries required by mapreduce
  pe               Run PerformanceEvaluation
  ltt              Run LoadTestTool
  canary           Run the Canary tool
  version          Print the version
  completebulkload Run BulkLoadHFiles tool
  regionsplitter   Run RegionSplitter tool
  rowcounter       Run RowCounter tool
  cellcounter      Run CellCounter tool
  pre-upgrade      Run Pre-Upgrade validator tool
  hbtop            Run HBTop tool
  CLASSNAME        Run the class named CLASSNAME
[root@master bin]#
```

图 7-3 MapReduce 的 jar 包

步骤 2：设置环境变量。具体的设置内容如下：

```
[root@master hbase-2.4.6]#cd /usr/local/hbase-2.4.6
[root@master hbase-2.4.6]#export HBASE_HOME=/usr/local/hbase-2.4.6
[root@master hbase-2.4.6]#export HAD0OP_HOME=/usr/local/hadoop/
[root@master hbase-2.4.6]#HADOOP_CLASSPATH='${HBASE_HOME}/bin/hbase mapredcp'
```

步骤 3：启动 history 服务。启动 HDFS 和 yarn 等任务，代码如下：

```
[root@master hbase-2.4.6]#mapred --daemon start historyserver
```

步骤 4：启动 HBase 任务，代码如下：

```
[root@master hbase-2.4.6]#./start-all.sh
```

步骤 5：导入相应的 jar 包，代码如下：

```
[root@master hbase-2.4.6]#hdfs dfs -put hbase-client-1.1.5.jar /hbase/lib
[root@master hbase-2.4.6]#hdfs dfs -put hbase-hadoop-compat-1.1.5.jar /hbase/lib
[root@master hbase-2.4.6]#hdfs dfs-put hbase-server-1.1.5.jar /hbase/lib
```

步骤 6：查看 HBase 自带的 MapReduce 的 RowCounter，计算 fruit 表的行数，代码如下：

```
hbase:001:0> scan 'fruit'
```

这里采用 fruit 表，表中内容如图 7－4 所示。

```
hbase:001:0> scan 'fruit'
ROW                              COLUMN+CELL
 001                             column=info:color, timestamp=2024-01-23T21:50:53.433, value=red
 001                             column=info:name, timestamp=2024-01-23T21:50:31.397, value=apple
 002                             column=info:color, timestamp=2024-01-23T21:51:22.258, value=yellow
 002                             column=info:name, timestamp=2024-01-23T21:51:09.376, value=banana
2 row(s)
Took 1.9156 seconds
hbase:002:0>
```

图 7－4　fruit 表

MapReduce 计算结果如图 7－5 所示，通过比较 HBase Shell 和 MapReduce 的计算结果，可发现两者一致。MapReduce 的 RowCounter 计算 fruit 表行数的代码如下：

```
$HBASE_HOME/bin/hbase org.apache.hadoop.hbase.mapreduce.RowCounter 'fruit'
```

```
                GC time elapsed (ms)=264
                CPU time spent (ms)=3400
                Physical memory (bytes) snapshot=135835648
                Virtual memory (bytes) snapshot=2135564288
                Total committed heap usage (bytes)=20975616
        HBaseCounters
                BYTES_IN_REMOTE_RESULTS=81
                BYTES_IN_RESULTS=81
                MILLIS_BETWEEN_NEXTS=2259
                NOT_SERVING_REGION_EXCEPTION=0
                REGIONS_SCANNED=1
                REMOTE_RPC_CALLS=1
                REMOTE_RPC_RETRIES=0
                ROWS_FILTERED=0
                ROWS_SCANNED=2
                RPC_CALLS=1
                RPC_RETRIES=0
        org.apache.hadoop.hbase.mapreduce.RowCounter$RowCounterMapper$Counters
                ROWS=2
        File Input Format Counters
                Bytes Read=0
        File Output Format Counters
                Bytes Written=0
[root@master ~]#
```

图 7－5　fruit 表的行数

步骤 7：Export 也是 MapReduce 中的自带用法，这里通过 Export 导出 HBbase 表到 HDFS 文件中。测试 Export 将 fruit 表导出到 HDFS 中的 /hbase/fruit 的代码如下：

```
$HBASE_HOME/bin/hbase org.apache.hadoop.hbase.mapreduce.Export fruit /hbase/fruit
```

在 HDFS 中查看导出的文件，代码如下：

```
hdfs dfs -ls /hbase/fruit
```

执行结果如图 7－6 所示。

```
[root@master ~]# hdfs dfs -ls /hbase/fruit
Found 2 items
-rw-r--r--   3 root supergroup          0 2024-01-24 10:17 /hbase/fruit/_SUCCESS
-rw-r--r--   3 root supergroup        304 2024-01-24 10:17 /hbase/fruit/part-m-00000
```

图 7－6　HDFS 中的 fruit 文件

步骤 8：Import 的用法和 Export 类似，可将 HDFS 文件导入 HBase 表。测试 Import 将 HDFS 中的 /hbase/fruit 导入 HBase 表的代码如下：

```
$HBASE_HOME/bin/hbase org.apache.hadoop.hbase.mapreduce.Import fruit /hbase/fruit
```

执行结果如图 7－7 所示。

```
2024-01-24 10:29:46,639 WARN  [main] counters.FrameworkCounterGroup: MAP_PHYSICAL_MEMORY_BYTES_MAX is not a recognized counte
r.
2024-01-24 10:29:46,639 WARN  [main] counters.FrameworkCounterGroup: MAP_VIRTUAL_MEMORY_BYTES_MAX is not a recognized counter
.
2024-01-24 10:29:46,665 INFO  [main] mapreduce.Job:      FILE: Number of write operations=0
                HDFS: Number of bytes read=412
                HDFS: Number of bytes written=0
                HDFS: Number of read operations=3
                HDFS: Number of large read operations=0
                HDFS: Number of write operations=0
        Job Counters
                Launched map tasks=1
                Data-local map tasks=1
                Total time spent by all maps in occupied slots (ms)=31496
                Total time spent by all reduces in occupied slots (ms)=0
                Total time spent by all map tasks (ms)=7874
                Total vcore-milliseconds taken by all map tasks=7874
                Total megabyte-milliseconds taken by all map tasks=16125952
        Map-Reduce Framework
                Map input records=2
                Map output records=2
                Input split bytes=108
                Spilled Records=0
                Failed Shuffles=0
                Merged Map outputs=0
                GC time elapsed (ms)=197
                CPU time spent (ms)=2220
                Physical memory (bytes) snapshot=137789440
```

图 7-7 Import 执行结果

7.2.2 Mapreduce 集成 HBase 实现单词计数

统计每个单词出现的次数的操作步骤如下：

步骤 1：新建 Maven 工程 hbase_mr。打开 IDEA，在菜单栏选择“File→New Project”，如图 7-8 所示。

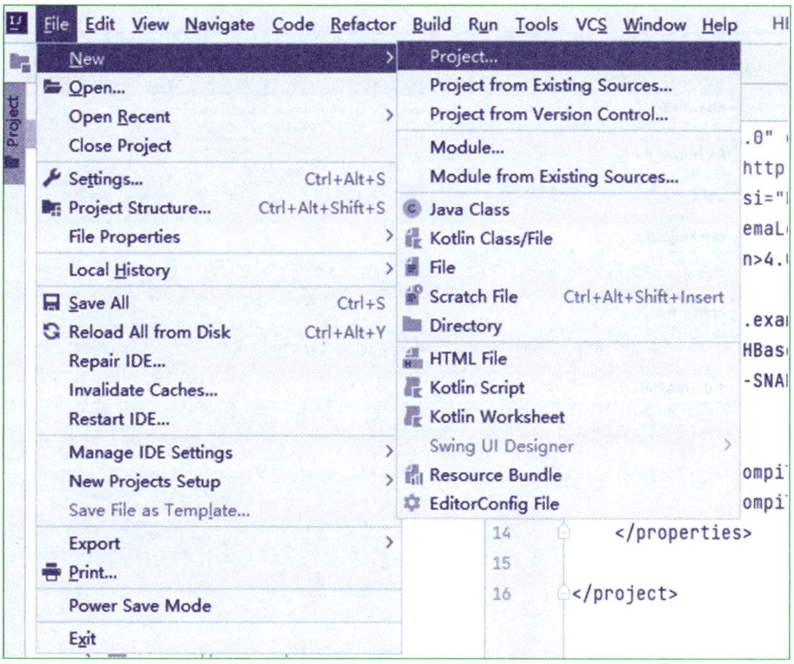

图 7-8 新建工程

步骤 2：选择新建工程类型为 Maven，确定 Project SDK，如图 7-9 所示。

步骤 3：设置工程名称、存储路径并添加组名，如图 7-10 所示。

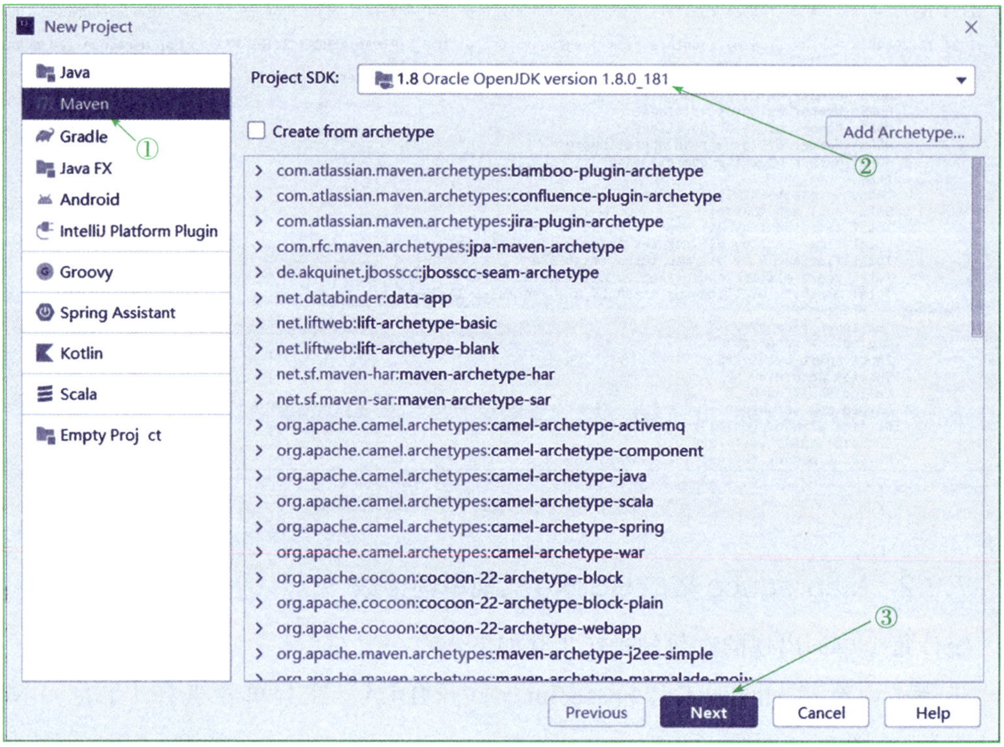

图 7－9　选择工程类型

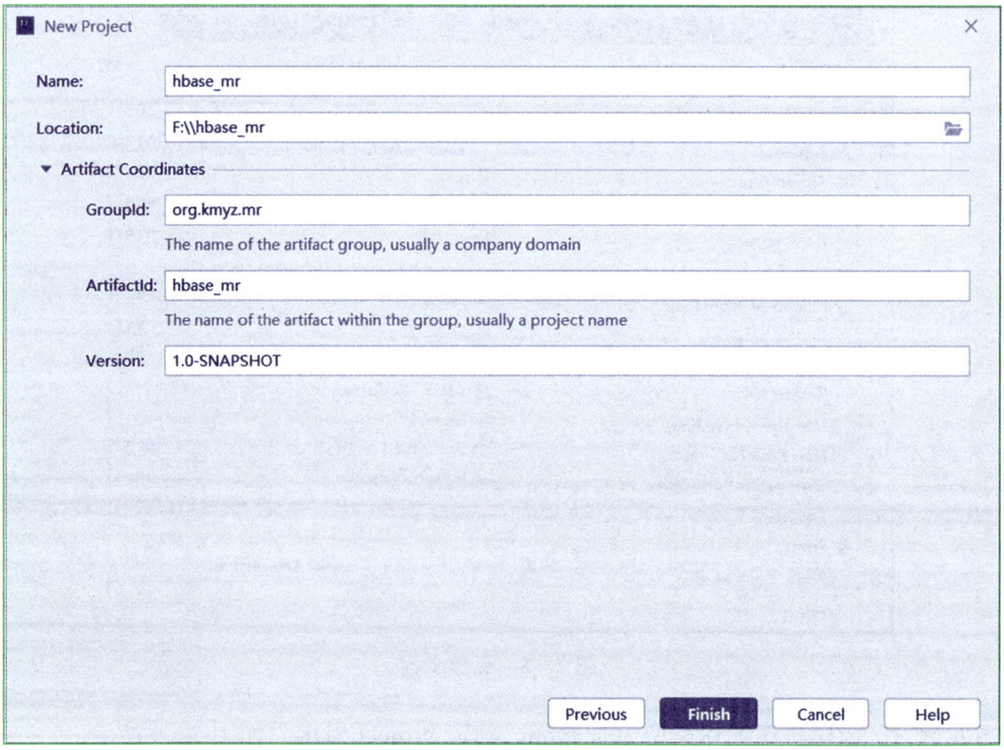

图 7－10　设置工程参数

步骤 4：添加依赖。在工程左侧结构的 pom.xml 中添加依赖，代码如下：

```
<dependencies>
    <dependency>
        <groupId>org.apache.hadoop</groupId>
        <artifactId>hadoop-client</artifactId>
        <version>3.1.4</version>
    </dependency>
    <dependency>
        <groupId>org.apache.hadoop</groupId>
        <artifactId>hadoop-auth</artifactId>
        <version>3.1.4</version>
    </dependency>
    <!-- https://mvnrepository.com/artifact/org.apache.hbase/hbase-client -->
    <dependency>
        <groupId>org.apache.hbase</groupId>
        <artifactId>hbase-client</artifactId>
        <version>2.4.6</version>
    </dependency>
    <dependency>
        <groupId>org.apache.hbase</groupId>
        <artifactId>hbase-mapreduce</artifactId>
        <version>2.4.6</version>
    </dependency>
    <dependency>
        <groupId>org.apache.hbase</groupId>
        <artifactId>hbase-server</artifactId>
        <version>2.4.6</version>
    </dependency>
    <dependency>
        <groupId>junit</groupId>
        <artifactId>junit</artifactId>
        <version>4.12</version>
        <scope>test</scope>
    </dependency>
    <dependency>
        <groupId>org.testng</groupId>
        <artifactId>testng</artifactId>
        <version>6.14.3</version>
        <scope>test</scope>
    </dependency>
```

```
</dependencies>
```

添加完成后打开 Maven 界面，单击“更新”按钮 更新依赖，如图 7－11 所示。

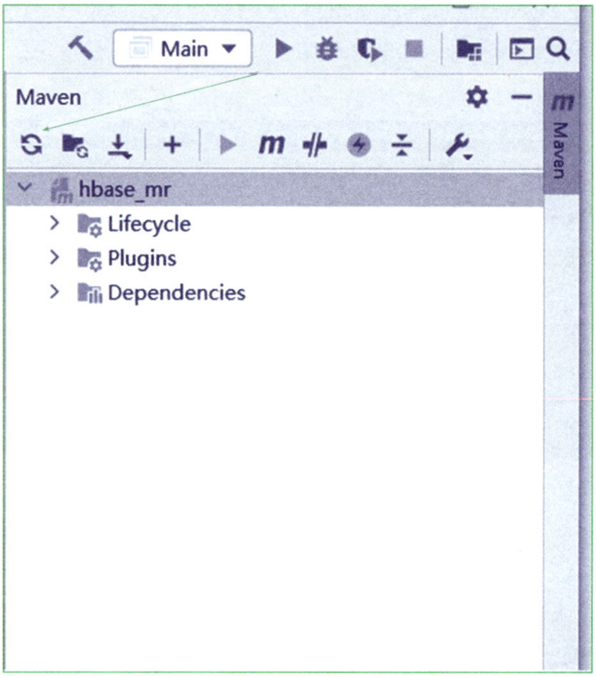

图 7－11　更新依赖

步骤 5：开发 MapReduce 程序实现功能，分别编写 WordCountMapper 类、WordCountReducer 类和 WordCount 类。其中，在静态类 WordCountMapper 中实现 map() 方法，用 map() 方法对读入的每个单词 key 构造生成（key,1）。WordCountReducer 对 map 传输过来的键值对计数，实现单词统计。在 WordCount 类中设置 Map 处理类、设置 Reduce 处理类、设置输入和输出目录。具体代码如下：

```
import java.io.IOException;
import org.apache.hadoop.conf.Configuration;
import org.apache.hadoop.fs.Path;
import org.apache.hadoop.io.IntWritable;
import org.apache.hadoop.io.LongWritable;
import org.apache.hadoop.io.Text;
import org.apache.hadoop.mapreduce.Job;
import org.apache.hadoop.mapreduce.Mapper;
import org.apache.hadoop.mapreduce.Reducer;
import org.apache.hadoop.mapreduce.lib.input.FileInputFormat;
import org.apache.hadoop.mapreduce.lib.output.FileOutputFormat;
```

```
import org.apache.hadoop.util.GenericOptionsParser;
public class WordCount {
    // 计数变量
    private static final IntWritable ONE = new IntWritable(1);
    /**
     * @author Mapper<LongWritable, Text, Text, IntWritable> 中，LongWritable 和 IntWritable
是 Hadoop 数据类型，表示长整型和整形
     * <p>
     * LongWritable, Text 表示输入类型，比如本应用单词计数输入是偏移量（字符串中的第一
个单词的起始位置对应的单词（值））
     * Text, IntWritable 表示输出类型  输出的是单词和个数
     * 注意：map 函数中的前两个参数 LongWritable key、Text value 和输出类型不一致
     * 所以后面要设置输出类型以使他们一致
     */
    // Map 过程
    public static class WordCountMapper extends Mapper<LongWritable, Text, Text, IntWritable> {
        /***
         */
        @Override
        protected void map(LongWritable key, Text value, Mapper<LongWritable, Text, Text,
IntWritable>.Context context)
                throws IOException, InterruptedException {
            // 默认的 map 的 value 是每一行，这里自定义为以空格分割
            String[] vs = value.toString().split("\\s");
            for (String v : vs) {
                // 写出去
                context.write(new Text(v), ONE);
            }
        }
    }
    // Reduce 过程
    /***
     * @author
     * Text, IntWritable 输入类型，从 map 过程获得，即 map 的输出作为 Reduce 的输入
     * Text, IntWritable 输出类型
     */
    public static class WordCountReducer extends Reducer<Text, IntWritable, Text, IntWritable> {
        @Override
        protected void reduce(Text key, Iterable<IntWritable> values,
                              Reducer<Text, IntWritable, Text, IntWritable>.Context context)
```

```
throws IOException, InterruptedException {
            int count = 0;
            for (IntWritable v : values) {
                count += v.get();// 单词个数加一
            }
            context.write(key, new IntWritable(count));
        }
    }
    public static void main(String[] args) {
        Configuration conf = new Configuration();
        try {
            // 得到一个 Job 并设置名字
            Job job = Job.getInstance(conf, "wordcount1");
            // 设置 Jar，使本程序在 Hadoop 中运行
            job.setJarByClass(WordCount.class);
            // 设置 Map 处理类
            job.setMapperClass(WordCountMapper.class);
            // 设置 map 的输出类型，因为不一致，所以要设置
            job.setMapOutputKeyClass(Text.class);
            job.setMapOutputValueClass(IntWritable.class);
            // 设置 Reduce 处理类
            job.setReducerClass(WordCountReducer.class);
            // 设置输入和输出目录
            FileInputFormat.addInputPath(job, new Path("hdfs://master:8020/user/root/words.
txt"));
             FileOutputFormat.setOutputPath(job, new Path("hdfs://master:8020/hbase/
wordcount" ));
            // 启动运行
            System.exit(job.waitForCompletion(true) ? 0 : 1);
        } catch (IOException e) {
            e.printStackTrace();
        } catch (ClassNotFoundException e) {
            e.printStackTrace();
        } catch (InterruptedException e) {
            e.printStackTrace();
        }
    }
}
```

步骤 6：打开 IDEA 的 Maven 界面，同时选择 clean 和 package，单击“运行”按钮 ▶ 将代码打成 jar 包。打包过程如图 7－12 所示。

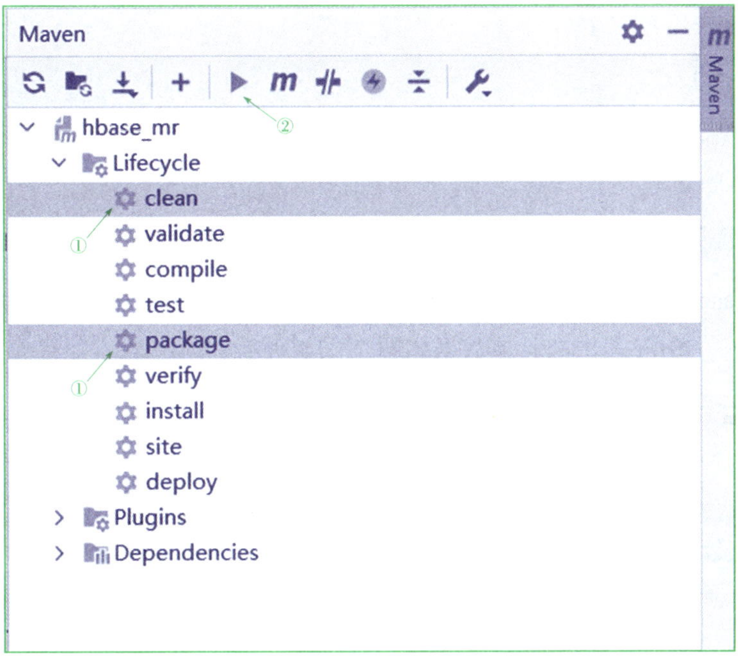

图 7－12　打包过程

将 jar 包上传到集群，通过 yarn 调度执行提交任务。

```
[root@master opt]# yarn jar hbase_mr-1.0-SNAPSHOT.jar com.huan.mr1.WordCount
```

步骤 7：查看 HDFS 上的文件及文件内容。查看文件的代码如下：

```
[root@master opt]# hdfs dfs -ls /hbase/wordcount
```

wordcount 文件如图 7－13 所示。

```
[root@master opt]# hdfs dfs -ls /hbase/wordcount
Found 2 items
-rw-r--r--   3 root supergroup          0 2024-04-10 15:38 /hbase/wordcount/_SUCCESS
-rw-r--r--   3 root supergroup         68 2024-04-10 15:38 /hbase/wordcount/part-r-00000
```

图 7－13　wordcount 文件

读取单词计数结果的代码如下：

```
[root@master opt]# hdfs dfs -cat   /hbase/wordcount/part-r-00000
```

wordcount 文件内容如图 7－14 所示。

```
[root@master opt]# hdfs dfs -cat  /hbase/wordcount/part-r-00000
BigData 2
Great   1
Hadoop  3
Hello   3
MapReduce       1
Our     1
Real    1
World   2
```

图 7-14　wordcount 文件内容

7.2.3　编写 MapReduce 集成 HBase 对表数据操作

读取 HBase 中 fruit 的 info:name、info：color 数据，将数据写入另外一张表的 fruit1 的列族中。fruit 表中的具体数据如图 7-15 所示。

```
hbase:001:0> scan 'fruit'
ROW                          COLUMN+CELL
 001                         column=info:color, timestamp=2024-01-23T21:50:53.433, value=red
 001                         column=info:name, timestamp=2024-01-23T21:50:31.397, value=apple
 002                         column=info:color, timestamp=2024-01-23T21:51:22.258, value=yellow
 002                         column=info:name, timestamp=2024-01-23T21:51:09.376, value=banana
2 row(s)
Took 1.9156 seconds
hbase:002:0>
```

图 7-15　fruit 表内容

步骤 1：创建 fruit1 表。列族的名字要与 fruit 表的列族名字相同，代码如下：

```
hbase:001:0>create 'fruit1','info'
```

步骤 2：开发 MapReduce 程序实现功能，分别编写 HBaseReadMapper 类、HBaseWriteReducer 类和 main 类。其中，在 Mapper 阶段每读取一行数据，就将这一行数据所有列的值装载到 Put 对象中。HBaseWriteReducer 将 map 传输过来的数据写入 HBase 表。可以用 TableMapReduceUtil.initTableReducerJob 方法写入表，这里既可以在 Map 阶段输出，也可以在 Reducer 阶段输出。

（1）编写 HBaseReadMapper 类的代码如下：

```
package com.huan.mr1;
import org.apache.hadoop.hbase.Cell;
import org.apache.hadoop.hbase.CellUtil;
import org.apache.hadoop.hbase.client.Put;
import org.apache.hadoop.hbase.client.Result;
import org.apache.hadoop.hbase.io.ImmutableBytesWritable;
import org.apache.hadoop.hbase.mapreduce.TableMapper;
import org.apache.hadoop.hbase.util.Bytes;
import org.apache.hadoop.io.Text;
```

```
import java.io.IOException;
public class HBaseReadMapper extends TableMapper<Text, Put> {
    /**
     * @param key        Row Key
     * @param value      Row Key 此行的数据 Result 类型
     * @param context
     * @throws IOException
     * @throws InterruptedException
     */
    @Override
    protected void map(ImmutableBytesWritable key, Result value, Context context) throws
IOException, InterruptedException {
        // 获得 Row Key 的字节数组
        byte[] Row KeyBytes = key.get();
        String Row KeyStr = Bytes.toString(Row KeyBytes);
        Text text = new Text(Row KeyStr);
        Put put = new Put(Row KeyBytes);
        // 获取一行中所有的 Cell对象
        Cell[] cells = value.rawCells();
        for (Cell cell : cells) {
            // 列族
            byte[] familyBytes = CellUtil.cloneFamily(cell);
            String familyStr = Bytes.toString(familyBytes);
            // 当前 cell 是否是 info
            if ("info".equals(familyStr)) {
                // 判断是否是 name | color
                byte[] qualifier_bytes = CellUtil.cloneQualifier(cell);
                String qualifierStr = Bytes.toString(qualifier_bytes);
                if ("name".equals(qualifierStr) || "color".equals(qualifierStr)) {
                    put.add(cell);
                }
            }
        }
        // 判断是否为空，不为空才输出
        if (!put.isEmpty()) {
            context.write(text, put);
        }
    }
}
```

（2）编写 HBaseWriteReducer 类的代码如下：

```
package com.huan.mr1;
import org.apache.hadoop.hbase.client.Put;
import org.apache.hadoop.hbase.io.ImmutableBytesWritable;
import org.apache.hadoop.hbase.mapreduce.TableReducer;
import org.apache.hadoop.io.Text;
import java.io.IOException;
/**
 * TableReducer 第三个泛型包含 Row Key 信息
 */
public class HBaseWriteReducer extends TableReducer<Text, Put, ImmutableBytesWritable> {
    // 将 map 传输过来的数据写入 hbase 表
    @Override
    protected void reduce(Text key, Iterable<Put> values, Context context) throws IOException,
InterruptedException {
        // key 就是上面 mapper 阶段输出的 Row Key
        ImmutableBytesWritable immutableBytesWritable = new ImmutableBytesWritable();
        immutableBytesWritable.set(key.toString().getBytes());
        // 遍历 put 对象并输出
        for(Put put: values) {
            context.write(immutableBytesWritable, put);
        }
    }
}
```

（3）编写 main 入口类的代码如下：

```
package com.huan.mr1;
import org.apache.hadoop.conf.Configuration;
import org.apache.hadoop.conf.Configured;
import org.apache.hadoop.hbase.HBaseConfiguration;
import org.apache.hadoop.hbase.TableName;
import org.apache.hadoop.hbase.client.Put;
import org.apache.hadoop.hbase.client.Scan;
import org.apache.hadoop.hbase.mapreduce.TableMapReduceUtil;
import org.apache.hadoop.io.Text;
import org.apache.hadoop.mapreduce.Job;
import org.apache.hadoop.util.Tool;
import org.apache.hadoop.util.ToolRunner;
```

```
public class Main extends Configured implements Tool {
    public static void main(String[] args) throws Exception {
        Configuration conf = HBaseConfiguration.create();
        // 设定绑定的 zk 集群
        conf.set("hbase.zookeeper.quorum", "master:2181,salve1:2181,salve2:2181");
        int run = ToolRunner.run(conf, new Main(), args);
        System.exit(run);
    }
    @Override
    public int run(String[] args) throws Exception {
        Job job = Job.getInstance(super.getConf());
        job.setJarByClass(Main.class);
        // mapper
        TableMapReduceUtil.initTableMapperJob(TableName.valueOf("fruit"), new Scan(),
HBaseReadMapper.class, Text.class, Put.class, job);
        // reducer
        TableMapReduceUtil.initTableReducerJob("fruit1", HBaseWriteReducer.class, job);
        boolean b = job.waitForCompletion(true);
        return b ? 0 : 1;
    }
}
```

步骤 4：在 IDEA 中运行 main 方法，通过 HBase Shell 读取 fruit1 表内容，结果如图 7－16 所示。

```
hbase:002:0> scan 'fruit1'
ROW                              COLUMN+CELL
 001                             column=info:color, timestamp=2024-01-23T21:50:53.433, value=red
 001                             column=info:name, timestamp=2024-01-23T21:50:31.397, value=apple
 002                             column=info:color, timestamp=2024-01-23T21:51:22.258, value=yellow
 002                             column=info:name, timestamp=2024-01-23T21:51:09.376, value=banana
2 row(s)
Took 0.5210 seconds
hbase:003:0>
```

图 7－16　fruit1 表内容

7.2.4　读取 HDFS 数据写入 HBase 表

步骤 1：在 master 节点执行以下命令准备数据文件，并将数据文件上传到 HDFS，在 /opt/ 目录创建 user.txt 文件，代码如下：

```
Rk1003  zhangsan  18
Rk1004  lisi  25
Rk1005  wangwu  22
```

将文件上传到 HDFS，代码如下：

```
hdfs dfs -mkdir -p /hbase/input
hdfs dfs -put /opt/user.txt /hbase/input/
```

步骤 2：通过 HBase Shell 创建表 user1，代码如下：

```
create 'user1','info1'
```

步骤 3：在 Maven 工程 hbase_mr 的基础上开发程序。新建 HDFS2HBase 类，然后在 HDFS2HBase 中分别编写静态类 HDFSMapper、HBaseReducer。在 HDFSMapper 类中，数据原样输出；HBaseReducer 类用于完成 HBase 表内容的复制，即在 reduce 阶段每读取一行数据，就将结果装到 Put 对象当中，并通过 write 函数将其写入 HBase 表。

```
import org.apache.hadoop.conf.Configuration;
import org.apache.hadoop.fs.Path;
import org.apache.hadoop.hbase.HBaseConfiguration;
import org.apache.hadoop.hbase.client.Put;
import org.apache.hadoop.hbase.io.ImmutableBytesWritable;
import org.apache.hadoop.hbase.mapreduce.TableMapReduceUtil;
import org.apache.hadoop.hbase.mapreduce.TableReducer;
import org.apache.hadoop.hbase.util.Bytes;
import org.apache.hadoop.io.LongWritable;
import org.apache.hadoop.io.NullWritable;
import org.apache.hadoop.io.Text;
import org.apache.hadoop.mapreduce.Job;
import org.apache.hadoop.mapreduce.Mapper;
import org.apache.hadoop.mapreduce.lib.input.TextInputFormat;
import java.io.IOException;
/**
 * 将 HDFS 中的文件 /hbase/input/user.txt 的数据导入 HBase 的 user1 表
 */
public class HDFS2HBase {
    public static class HDFSMapper extends Mapper<LongWritable, Text, Text, NullWritable> {

        // 数据原样输出
        protected void map(LongWritable key, Text value, Context context) throws IOException,
InterruptedException {
            context.write(value, NullWritable.get());
        }
```

```
    }
    public static class HBaseReducer extends TableReducer<Text, NullWritable,
ImmutableBytesWritable> {
        protected void reduce(Text key, Iterable<NullWritable> values, Context context) throws
IOException, InterruptedException {
            String[] split = key.toString().split("\t");
            // split[0] 对应的是 Row Key
            Put put = new Put(Bytes.toBytes(split[0]));
            put.addColumn("info1".getBytes(), "name".getBytes(), split[1].getBytes());
            put.addColumn("info1".getBytes(), "age".getBytes(), split[2].getBytes());

            context.write(new ImmutableBytesWritable(Bytes.toBytes(split[0])), put);
        }
    }
    public static void main(String[] args) throws IOException, ClassNotFoundException,
InterruptedException {
        Configuration conf = HBaseConfiguration.create();
        // 设定 zk 集群
        conf.set("hbase.zookeeper.quorum", "master:2181,salve1:2181,salve2:2181");
        Job job = Job.getInstance(conf);
        job.setJarByClass(HDFS2HBase.class);
        job.setMapperClass(HDFSMapper.class);
        job.setInputFormatClass(TextInputFormat.class);
        // map 端输出的 key value 类型
        job.setMapOutputKeyClass(Text.class);
        job.setMapOutputValueClass(NullWritable.class);
        // 设置 reduce 个数
        job.setNumReduceTasks(1);
        // 输入文件路径
        TextInputFormat.addInputPath(job, new Path("hdfs://master:8020/hbase/input/user.txt"));
        // 指定输出到 hbase 的表名
        TableMapReduceUtil.initTableReducerJob("user1", HBaseReducer.class, job);
        System.exit(job.waitForCompletion(true) ? 0 : 1);
    }
}
```

步骤 4：在 IDEA 中运行 main 方法，通过 HBase Shell 读取 person1 表内容，代码如下：

```
scan 'user1'
```

结果如图 7-17 所示。

```
hbase:002:0> scan 'user1'
ROW                         COLUMN+CELL
 Rk1003                     column=info1:age, timestamp=2024-04-05T22:28:47.788, value=18
 Rk1003                     column=info1:name, timestamp=2024-04-05T22:28:47.788, value=zhangsan
 Rk1004                     column=info1:age, timestamp=2024-04-05T22:28:47.788, value=25
 Rk1004                     column=info1:name, timestamp=2024-04-05T22:28:47.788, value=lisi
 Rk1005                     column=info1:age, timestamp=2024-04-05T22:28:47.788, value=22
 Rk1005                     column=info1:name, timestamp=2024-04-05T22:28:47.788, value=wangwu
3 row(s)
Took 0.2827 seconds
hbase:003:0>
```

图 7-17　person1 表

7.2.5　使用 bulkload 方式生成 HFile 格式

可以采用多种方式将数据加载到 HBase 中，如使用 HBase 的 java API 或 sqoop 将数据写入或导入 HBase 中，但这些方式进度缓慢、占用 Region 资源、效率低下。实际上，可通过 MapReduce 程序将数据直接转换成 HBase 的最终存储格式 Hfile 后载入 HBase。

HBase 中的每个 Table 在根目录下用一个文件夹存储，Table 名为文件夹名。在 Table 文件夹下，每个 Region 同样用一个文件夹存储。每个 Region 文件夹下的每个列族也用文件夹存储，而每个列族下存储的就是 HFile 文件。HFile 就是 HBase 数据在 HFDS 中的存储格式。HBase 可以直接读取、加载 HFile 格式的文件。

将 HDFS 中的 /hbase/input/user.txt 的数据文件转换成 HFile 格式，然后载入表 user2。具体操作步骤如下：

步骤 1：通过 HBase Shell 创建表 user2。代码如下：

```
hbase:018:0> create 'user2','info'
Created table user2
Took 1.1725 seconds
=> Hbase::Table - user2
```

步骤 2：在 Maven 工程 hbase_mr 的基础上开发程序。新建 BulkLoadMR 类，在 BulkLoadMR 类中编写静态类 createHFile 类。createHFile 类继承了 Mapper，读取 HDFS 数据，将结果载入 Put 对象，并通过 write 函数写入 context。代码如下：

```
import org.apache.hadoop.conf.Configuration;
import org.apache.hadoop.conf.Configured;
import org.apache.hadoop.fs.Path;
import org.apache.hadoop.hbase.TableName;
import org.apache.hadoop.hbase.client.*;
```

```
import org.apache.hadoop.hbase.io.ImmutableBytesWritable;
import org.apache.hadoop.hbase.mapreduce.HFileOutputFormat2;
import org.apache.hadoop.io.LongWritable;
import org.apache.hadoop.io.Text;
import org.apache.hadoop.mapreduce.Job;
import org.apache.hadoop.mapreduce.Mapper;
import org.apache.hadoop.mapreduce.lib.input.TextInputFormat;
import org.apache.hadoop.util.Tool;
import org.apache.hadoop.util.ToolRunner;
import javax.management.ImmutableDescriptor;
import java.io.IOException;
public class BulkLoadMR extends Configured implements Tool {
    // 编写将 hdfs 数据转换成 HFile 文件的代码
    public static class createHFile extends Mapper<LongWritable, Text,ImmutableBytesWritable,
Put>{
        @Override
        protected void map(LongWritable key, Text value, Context context) throws IOException,
InterruptedException {
            String data = value.toString();
            String[] split = data.split("\t");
            String Row Key = split[0];
            String name = split[1];
            String age = split[2];
            // 封装 put
            Put put = new Put(Row Key.getBytes());
            put.addColumn("info".getBytes(),"name".getBytes(),name.getBytes());
            put.addColumn("info".getBytes(),"age".getBytes(),age.getBytes());
            context.write(new ImmutableBytesWritable(Row Key.getBytes()),put);
        }
    }

    @Override
    public int run(String[] args) throws Exception {
        Configuration conf = new Configuration();
        conf.set("hbase.zookeeper.quorum", "master:2181,slave1:2181,slave2:2181");
        Connection connection = ConnectionFactory.createConnection(conf);
        TableName tableName = TableName.valueOf("user2");
        Table user2 = connection.getTable(tableName);
        RegionLocator user2RegionLocator = connection.getRegionLocator(tableName);
```

```
        // 创建 job 实例对象
        Job job = Job.getInstance(conf,"BulkLoad");
        job.setInputFormatClass(TextInputFormat.class);
        TextInputFormat.addInputPath(job,new Path("hdfs://master:8020/hbase/input/user.txt"));

        job.setJarByClass(BulkLoadMR.class);
        job.setMapperClass(createHFile.class);
        job.setMapOutputKeyClass(ImmutableBytesWritable.class);
        job.setMapOutputValueClass(Put.class);

        job.setOutputFormatClass(HFileOutputFormat2.class);
        HFileOutputFormat2.configureIncrementalLoad(job,user2,user2RegionLocator);
        HFileOutputFormat2.setOutputPath(job,new Path("hdfs://master:8020/hbase/user2"));
        boolean b = job.waitForCompletion(true);
        return b?0:1;

    }
    public static void main(String[] args) throws Exception{
        ToolRunner.run(new BulkLoadMR(),args);
    }

}
```

步骤 3：将代码打成 jar 包，然后上传到服务器上执行。

```
yarn    jar hbase_mr-1.0-SNAPSHOT.jar com.huan.mr1.BulkLoadMR
```

执行后，查看 HDFS 文件的存储位置，代码如下：

```
hdfs dfs -ls /hbase/user2
```

结果如图 7－18 所示。

```
[root@master opt]# hdfs dfs -ls /hbase/user2
Found 2 items
-rw-r--r--   3 root supergroup          0 2024-04-10 11:23 /hbase/user2/_SUCCESS
drwxr-xr-x   - root supergroup          0 2024-04-10 11:23 /hbase/user2/info
[root@master opt]#
```

图 7－18　HFile 文件

此时，通过 HBase Shell 扫描表 user2，代码如下：

```
scan 'user2'
```

表 user2 无数据，结果如图 7－19 所示。

```
hbase:003:0> scan 'user2'
ROW                          COLUMN+CELL
0 row(s)
Took 2.9525 seconds
hbase:004:0>
```

图 7－19　表 user2 无数据

步骤 4：采用 HBase 中 LoadIncrementalHFiles 的 .doBulkLoad 方法将产生的 HFile 文件入库，代码如下：

```
package com.huan.mr1;
import org.apache.hadoop.conf.Configuration;
import org.apache.hadoop.fs.Path;
import org.apache.hadoop.hbase.HBaseConfiguration;
import org.apache.hadoop.hbase.TableName;
import org.apache.hadoop.hbase.client.Admin;
import org.apache.hadoop.hbase.client.Connection;
import org.apache.hadoop.hbase.client.ConnectionFactory;
import org.apache.hadoop.hbase.client.Table;
import org.apache.hadoop.hbase.mapreduce.LoadIncrementalHFiles;
public class LoadData {
    public static void main(String[] args) throws Exception {
        Configuration configuration = HBaseConfiguration.create();
        configuration.set("hbase.zookeeper.quorum", "master,slave1,slave2");
        configuration.set("hbase.bulkload.retries.number", "0");
        // 获取数据库连接
        Connection connection =  ConnectionFactory.createConnection(configuration);
        // 获取表的管理器对象
        Admin admin = connection.getAdmin();
        // 获取 table 对象
        TableName tableName = TableName.valueOf("user2");
        Table table = connection.getTable(tableName);
        // 构建 LoadIncrementalHFiles 加载 HFile 文件
        LoadIncrementalHFiles load = new LoadIncrementalHFiles(configuration);
        load.doBulkLoad(new Path("hdfs://master:8020/hbase/user2"), admin,table,connection.
getRegionLocator(tableName));
    }
}
```

将代码打成 jar 包，上传至集群运行，通过 yarn 调度执行提交任务。

```
yarn jar hbase_mr-1.0-SNAPSHOT.jar com.huan.mr1.LoadData
```

步骤 5：通过 HBase Shell 扫描表 user2，代码如下：

```
scan 'user2'
```

表 user2 有数据，结果如图 7－20 所示。

```
hbase:004:0> scan 'user2'
ROW                     COLUMN+CELL
 rk003                  column=info:age, timestamp=2024-04-10T10:15:49.169, value=12
 rk003                  column=info:name, timestamp=2024-04-10T10:15:49.169, value=zhansan
 rk004                  column=info:age, timestamp=2024-04-10T10:15:49.169, value=34
 rk004                  column=info:name, timestamp=2024-04-10T10:15:49.169, value=lisi
 rk005                  column=info:age, timestamp=2024-04-10T10:15:49.169, value=56
 rk005                  column=info:name, timestamp=2024-04-10T10:15:49.169, value=wagn
3 row(s)
Took 15.9353 seconds
hbase:005:0>
```

图 7－20　表 user2 有数据

单元小结

HBase 具有较高的数据存储和查询能力，MapReduce 可实现大规模数据的处理和分析，HBase 与 MapReduce 的集成为用户提供了一种高效的方式来处理和分析大规模数据。

本单元重点介绍了 HBase 自带的 RowCounter、Export 和 Import 如何实现行数计算，以及导入、导出数据，然后通过编程实例讲解了单词词频统计、表间数据复制、读取 HDFS 数据写入 HBase 表，以及生成 HFile 文件进而导入 HBase 表的方法。

练习题

1. 实验名称

词频统计。

2. 实验目的

（1）掌握 MapReduce 与 HBase 结合的方法。

（2）掌握 HBase 对 MapReduce 结果的操作。

3. 实验内容

统计指定目录或文件中单词出现的次数，并将结果保存到指定的 HBase 表。

4. 实验步骤

参考本单元 7.2.2 的内容。

单元 8

HBase 综合实战

学习导读

本单元将以综合实战的模式深入讲解 HBase。通过“MySQL 数据迁移至 HBase”实战，讲解了 MySQL 数据库数据读取、HBase 表的创建和连接，以及数据的查询等知识。通过“商品订单表设计”实战，讲解了如何借助 Python 自动化脚本生成商品订单数据，以及如何通过 Java API 方式和 BlukLoad 方式将数据加载到 HBase 表。

素养提升

建设数字中国是数字时代推进中国式现代化的重要引擎，是构筑国家竞争新优势的有力支撑。数字中国建设是一个长期而艰巨的任务，需要各个领域的共同努力和持续投入。作为大数据技术从业者，我们应该保持积极向上的心态，不断学习和掌握新技术、新方法，提高自己的专业素养和综合能力，为数字中国建设贡献更多的智慧和力量。

学习目标

（1）能够使用 Java 语言操作 MySQL 数据库，完成 MySQL 查询。

（2）能够使用 Java API 创建 HBase 数据库表。

（3）能够使用 Java API 将 MySQL 数据库表数据导入 HBase。

（4）能够使用 Java API 查询 HBase 数据库表。

8.1 MySQL 数据迁移至 HBase

MySQL 数据库将实体和实体间的关系都存储在数据库中。本实战所用数据为学生课程成绩，实体包括学生和课程，分别对应学生信息表（studentinfo）和课程信息表

（courseinfo），实体之间的关系为选课及成绩，对应成绩表（gradeinfo），这 3 张表的结构如图 8 - 1 所示。

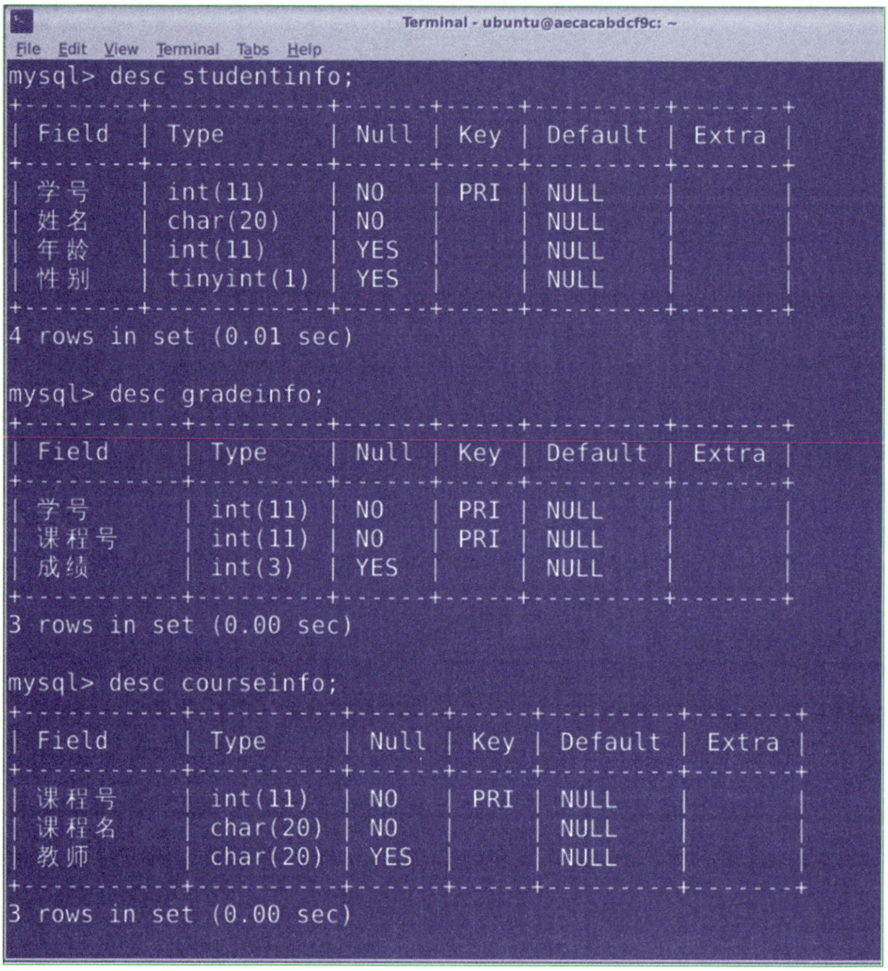
Terminal - ubuntu@aecacabdcf9c: ~
File Edit View Terminal Tabs Help

```
mysql> desc studentinfo;
+----------+-------------+------+-----+---------+-------+
| Field    | Type        | Null | Key | Default | Extra |
+----------+-------------+------+-----+---------+-------+
| 学号     | int(11)     | NO   | PRI | NULL    |       |
| 姓名     | char(20)    | NO   |     | NULL    |       |
| 年龄     | int(11)     | YES  |     | NULL    |       |
| 性别     | tinyint(1)  | YES  |     | NULL    |       |
+----------+-------------+------+-----+---------+-------+
4 rows in set (0.01 sec)

mysql> desc gradeinfo;
+-----------+---------+------+-----+---------+-------+
| Field     | Type    | Null | Key | Default | Extra |
+-----------+---------+------+-----+---------+-------+
| 学号      | int(11) | NO   | PRI | NULL    |       |
| 课程号    | int(11) | NO   | PRI | NULL    |       |
| 成绩      | int(3)  | YES  |     | NULL    |       |
+-----------+---------+------+-----+---------+-------+
3 rows in set (0.00 sec)

mysql> desc courseinfo;
+-----------+----------+------+-----+---------+-------+
| Field     | Type     | Null | Key | Default | Extra |
+-----------+----------+------+-----+---------+-------+
| 课程号    | int(11)  | NO   | PRI | NULL    |       |
| 课程名    | char(20) | NO   |     | NULL    |       |
| 教师      | char(20) | YES  |     | NULL    |       |
+-----------+----------+------+-----+---------+-------+
3 rows in set (0.00 sec)
```

图 8 - 1　MySQL 中的表结构

如果还是以 3 张表的形式将数据存储在 HBase 中并没有任何意义，可以应用 HBase 的列族将 3 张表的数据整合在 1 张 HBase 表中，HBase 表的逻辑结构见表 8 - 1。

表 8 - 1　HBase 表的逻辑结构

Row Key	StuInfo			Grades		
	Name	Age	Sex	Spark	Scala	Python
1	zhangsan	18	1	80	90	
2	lisi	18	0	85	78	88
3	wangwu	19	1	90	80	

HBase 表将 MySQL 的 3 张表的数据聚合到一起，将 studentinfo 表映射到 HBase 的 StuInfo 列族，将 gradeinfo 表和 courseinfo 表映射到 Grades 列族，用户查询起来会更加方便，此外，对于大量空值场景，可以节约存储空间。

8.1.1 创建 Coursesel.sql 文件

步骤 1：SQL 文件内容如下：

```
SET NAMES utf8mb4;
SET FOREIGN_KEY_CHECKS = 0;
-- ----------------------------
-- Table structure for courseinfo
-- ----------------------------
DROP TABLE IF EXISTS `courseinfo`;
CREATE TABLE `courseinfo`  (
  `课程号` int(11) NOT NULL,
  `课程名` char(20) CHARACTER SET utf8 COLLATE utf8_general_ci NOT NULL,
  `教师` char(20) CHARACTER SET utf8 COLLATE utf8_general_ci NULL DEFAULT NULL,
  PRIMARY KEY (`课程号`) USING BTREE
) ENGINE = InnoDB CHARACTER SET = utf8 COLLATE = utf8_general_ci ROW_FORMAT =
Compact;
-- ----------------------------
-- Records of courseinfo
-- ----------------------------
INSERT INTO `courseinfo` VALUES (1, 'Spark', 'liu');
INSERT INTO `courseinfo` VALUES (2, 'Scala', 'zhang');
INSERT INTO `courseinfo` VALUES (3, 'Python', 'sun');
-- ----------------------------
-- Table structure for gradeinfo
-- ----------------------------
DROP TABLE IF EXISTS `gradeinfo`;
CREATE TABLE `gradeinfo`  (
  `学号` int(11) NOT NULL,
  `课程号` int(11) NOT NULL,
  `成绩` int(3) NULL DEFAULT NULL,
  PRIMARY KEY (`学号`, `课程号`) USING BTREE
) ENGINE = InnoDB CHARACTER SET = utf8 COLLATE = utf8_general_ci ROW_FORMAT =
Compact;
-- ----------------------------
-- Records of gradeinfo
-- ----------------------------
```

```
INSERT INTO `gradeinfo` VALUES (1, 1, 80);
INSERT INTO `gradeinfo` VALUES (1, 2, 90);
INSERT INTO `gradeinfo` VALUES (2, 1, 85);
INSERT INTO `gradeinfo` VALUES (2, 2, 78);
INSERT INTO `gradeinfo` VALUES (2, 3, 88);
INSERT INTO `gradeinfo` VALUES (3, 1, 98);
INSERT INTO `gradeinfo` VALUES (3, 2, 80);
-- ----------------------------
-- Table structure for studentinfo
-- ----------------------------
DROP TABLE IF EXISTS `studentinfo`;
CREATE TABLE `studentinfo`  (
  `学号` int(11) NOT NULL,
  `姓名` char(20) CHARACTER SET utf8 COLLATE utf8_general_ci NOT NULL,
  `年龄` int(11) NULL DEFAULT NULL,
  `性别` tinyint(1) NULL DEFAULT NULL,
  PRIMARY KEY (`学号`) USING BTREE
) ENGINE = InnoDB CHARACTER SET = utf8 COLLATE = utf8_general_ci ROW_FORMAT =
Compact;
-- ----------------------------
-- Records of studentinfo
-- ----------------------------
INSERT INTO `studentinfo` VALUES (1, 'zhangsan', 18, 1);
INSERT INTO `studentinfo` VALUES (2, 'lisi', 18, 0);
INSERT INTO `studentinfo` VALUES (3, 'wanwu', 19, 1);
SET FOREIGN_KEY_CHECKS = 1;
```

步骤 2：登录 MySQL，创建数据库，代码如下：

```
create database coursesel;
```

步骤 3：导入数据，代码如下：

```
use coursesel;
source coursesel.sql;
```

步骤 4：查看数据是否导入，代码如下：

```
show tables;
```

返回结果如图 8 - 2 所示。

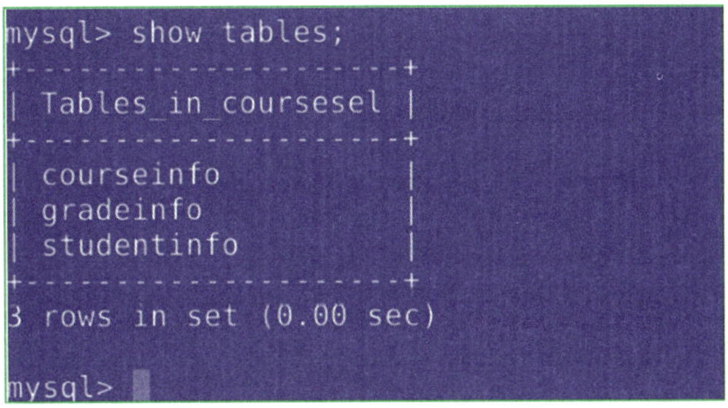

图 8－2　MySQL 表

8.1.2　通过 Java API 读取 MySQL 数据中学生信息表 studentinfo 的内容

步骤 1：注册数据库的驱动，代码如下：

```
Class.forName("com.mysql.jdbc.Driver");
```

步骤 2：打开数据库链接，代码如下：

```
# 打开 mysql 数据库链接
String url = "jdbc:mysql://localhost:3306/coursesel";
String username = "root";
String password = "******";
conn = DriverManager.getConnection(url, username, password);
stmt = conn.createStatement();
```

其中，url 参数 localhost 为本地数据库，如果是远程数据库则可使用 ip:port 形式，例如“10.100.9.33:3306”。接下来的两个参数分别为链接数据库的用户名和密码，最后一个为用到的具体数据库名。

步骤 3：获取学生信息表的基本信息，代码如下：

```
String sql = "select * from studentinfo";
rs = stmt.executeQuery(sql);
            LinkedList link = new LinkedList();
            while (rs.next()) {
                int id = rs.getInt(" 学号 "); //
                String name = rs.getString(" 姓名 ");
                System.out.println(id + " " + name);
                link.add(id);
            }
```

返回结果如图 8 - 3 所示。

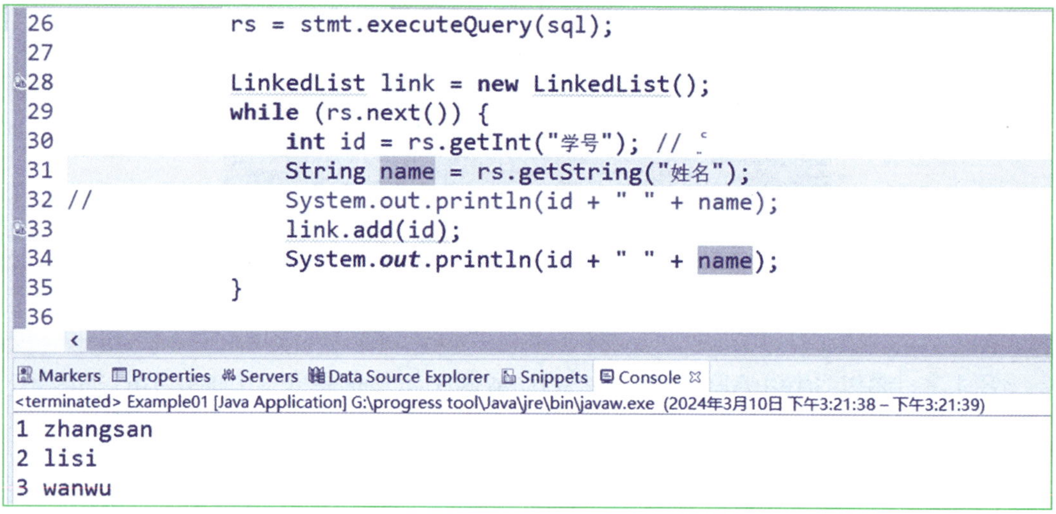

图 8 - 3　学生信息表查询结果

步骤 4：获取课程信息。通过以上查询结果，可知返回的学生学号为 LinkedList 结构，存储多行数据。然后针对每个学生从 gradeinfo 表和 courseinfo 表中获取课程信息，代码如下：

```
for (Object obj : link) {
                String sqlCourse = "SELECT courseinfo. 课程名, gradeinfo. 成绩 " + "FROM stu
dentinfo,courseinfo,gradeinfo "
                    + "WHERE studentinfo. 学号 =gradeinfo. 学号 " + "and courseinfo. 课
程号 =gradeinfo. 课程号 "
                    + "and studentinfo. 学号 =" + obj;
                stmt = conn.createStatement();
                rs1 = stmt.executeQuery(sqlCourse);
                while (rs1.next()) {
                    String courseName = rs1.getString(1);
                    int cou = rs1.getInt(2);
                    System.out.println(courseName + " " + cou);
                }

            }
```

经过此查询后，可以获取每个学生的课程信息，结果如图 8 - 4 所示。

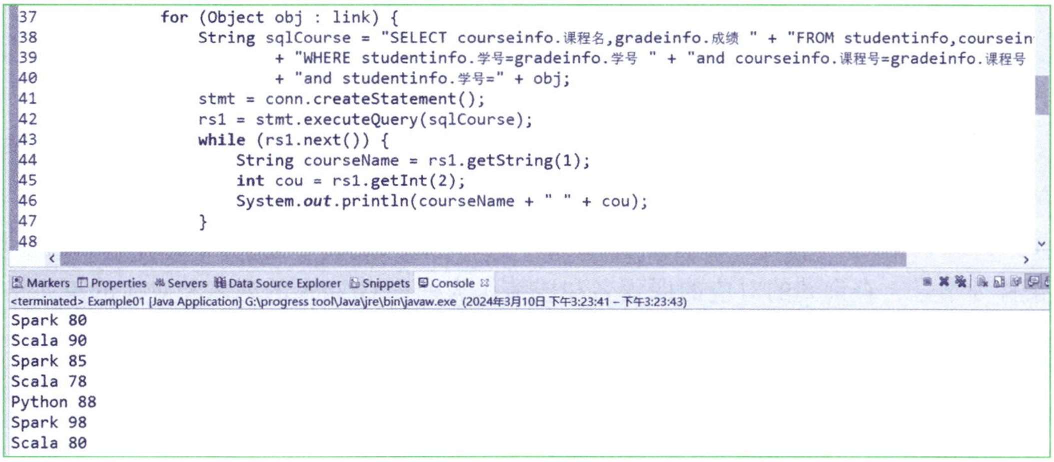

图 8-4 课程信息

8.1.3 将 MySQL 数据导入 HBase 表

步骤 1：创建 HBase 表，通过 Java API 连接 HBase，创建表 CourseGrade。具体代码如下：

```
// 建立与 HBase 的连接
Configuration conf = HBaseConfiguration.create();
// 配置与 HBase 连接的参数
conf.set("hbase.master", "master:16000");
conf.set("hbase.rootdir", "hdfs://master:8020/hbase");
conf.set("hbase.zookeeper.quorum", "master,slave1,slave2");
conf.set("hbase.zookeeper.property.clientPort", "2181");
```

连接 HBase 后，实例化 admin，使用 addFamily() 方法依次添加两个列族，admin 使用 createTable() 方法创建表。具体代码如下：

```
HTableDescriptor ht = new HTableDescriptor("courseGrade");
        ht.addFamily(new HColumnDescriptor("StuInfo"));
        ht.addFamily(new HColumnDescriptor("Grades"));
        // 创建表
        if (admin.tableExists(tableName)) {
            if (admin.isTableEnabled(tableName)) {
                admin.disableTable(tableName);
                System.out.println(" 禁用表 ");
            }
            admin.deleteTable(tableName);
            System.out.println(" 已删除表 " + tableName.toString());
```

```
        }
admin.createTable(ht);
```

步骤 2：将 MySQL 数据导入 HBase 的 courseGrade 表，向列族中插入数据。连接 MySQL 数据库读取结果集，将查询到的 studentinfo 表的学号信息作为 Row Key，表中的姓名、年龄、性别作为列族 StuInfo 的列。通过 MySQL 连接查询语句，指定查询条件为学号，查询到的对应的课程名和成绩作为列族 Grades 的列名和对应的单元格值。具体代码如下：

```
import java.sql.Connection;
import java.sql.DriverManager;
import java.sql.ResultSet;
import java.sql.Statement;
import org.apache.hadoop.hbase.TableName;
import org.apache.hadoop.hbase.client.ConnectionFactory;
import org.apache.hadoop.hbase.client.Put;
import org.apache.hadoop.hbase.client.Table;
import org.apache.hadoop.hbase.util.Bytes;
import org.apache.hadoop.conf.Configuration;
import org.apache.hadoop.hbase.HBaseConfiguration;
import java.net.URLDecoder;
import java.net.URLEncoder;
public class MySQLToHBase {
        public static void main(String[] args) throws Exception {
            // MySQL connection setup
            ResultSet rs1 = null;
            Class.forName("com.mysql.jdbc.Driver");
            String mysqlUrl = "jdbc:mysql://localhost:3306/coursesel?characterEncoding=utf-8";
            String mysqlUser = "root";
            String mysqlPassword = "123456";
            java.sql.Connection mysqlConn = DriverManager.getConnection(mysqlUrl, mysqlUser,
mysqlPassword);
            Statement stmt = mysqlConn.createStatement();
            ResultSet rs = stmt.executeQuery("SELECT * FROM studentinfo");

            // HBase connection setup
            Configuration conf = HBaseConfiguration.create();
            // Add HBase configuration settings here (e.g., zookeeper quorum, HBase master, etc.)
            conf.set("hbase.master", "master:16000");
            conf.set("hbase.rootdir", "hdfs://master:8020/hbase");
```

```
        conf.set("hbase.zookeeper.quorum", "master,slave1,slave2");
        conf.set("hbase.zookeeper.property.clientPort", "2181");
        org.apache.hadoop.hbase.client.Connection hbaseConn = ConnectionFactory.
createConnection(conf);
        Table table = hbaseConn.getTable(TableName.valueOf("courseGrade"));

        // Iterate over MySQL results and write to HBase
        while (rs.next()) {
            int Row Key = rs.getInt(" 学号 "); // Adjust this to match your row key

            Put put = new Put(Integer.toString(Row Key).getBytes());
            String name=rs.getString(" 姓名 ");

            int age=rs.getInt(" 年龄 ");
            int sex=rs.getInt(" 性别 ");
            System.out.println(Row Key+" "+name+" "+age);
            put.addColumn("StuInfo".getBytes(), "name".getBytes(), Bytes.toBytes(name));
            put.addColumn("StuInfo".getBytes(), "age".getBytes(), Integer.toString(age).
getBytes());
            put.addColumn("StuInfo".getBytes(), "sex".getBytes(), Integer.toString(sex).
getBytes());
            // Add columns to the Put object based on your MySQL data and HBase schema
            // For example: put.addColumn(Bytes.toBytes("yourcolumnfamily"), Bytes.
toBytes("yourcolumnname"), Bytes.toBytes(rs.getString("yourmysqlcolumn")));
            String sqlCourse = "SELECT courseinfo. 课程名, gradeinfo. 成绩 " + "FROM studenti
nfo,courseinfo,gradeinfo "
                    + "WHERE studentinfo. 学号 =gradeinfo. 学号 " + "and courseinfo. 课程号
=gradeinfo. 课程号 "
                    + "and studentinfo. 学号 =" + Row Key;
            stmt = mysqlConn.createStatement();
            rs1 = stmt.executeQuery(sqlCourse);
            while (rs1.next()) {
                String courseName = rs1.getString(1);
                int cou = rs1.getInt(2);
                System.out.println(courseName + " " + cou);
                put.addColumn("Grades".getBytes(), courseName.getBytes(), Integer.
toString(cou).getBytes());                    }

            table.put(put);
        }
```

```
            // Close connections
            table.close();
            hbaseConn.close();
            rs.close();
            rs1.close();
            stmt.close();
            mysqlConn.close();
            System.out.print("---------");
        }
}
```

结果如图 8－5 所示。

```
hbase:001:0> scan 'courseGrade'
ROW                          COLUMN+CELL
 1                           column=Grades:Scala, timestamp=2024-03-10T15:05:54.614, value=90
 1                           column=Grades:Spark, timestamp=2024-03-10T15:05:54.614, value=80
 1                           column=StuInfo:age, timestamp=2024-03-10T15:05:54.614, value=18
 1                           column=StuInfo:name, timestamp=2024-03-10T15:05:54.614, value=zhangsan
 1                           column=StuInfo:sex, timestamp=2024-03-10T15:05:54.614, value=1
 2                           column=Grades:Python, timestamp=2024-03-10T15:05:54.629, value=88
 2                           column=Grades:Scala, timestamp=2024-03-10T15:05:54.629, value=78
 2                           column=Grades:Spark, timestamp=2024-03-10T15:05:54.629, value=85
 2                           column=StuInfo:age, timestamp=2024-03-10T15:05:54.629, value=18
 2                           column=StuInfo:name, timestamp=2024-03-10T15:05:54.629, value=lisi
 2                           column=StuInfo:sex, timestamp=2024-03-10T15:05:54.629, value=0
 3                           column=Grades:Scala, timestamp=2024-03-10T15:05:54.638, value=80
 3                           column=Grades:Spark, timestamp=2024-03-10T15:05:54.638, value=98
 3                           column=StuInfo:age, timestamp=2024-03-10T15:05:54.638, value=19
 3                           column=StuInfo:name, timestamp=2024-03-10T15:05:54.638, value=wanwu
 3                           column=StuInfo:sex, timestamp=2024-03-10T15:05:54.638, value=1
3 row(s)
Took 1.8483 seconds
hbase:002:0>
```

图 8－5　MySQL 导入 HBase 结果

步骤 3：获取某个学生所选课程的成绩。如获取学号为 1 的学生的所有课程信息，具体代码如下：

```
import java.io.IOException;
import org.apache.hadoop.conf.Configuration;
import org.apache.hadoop.hbase.Cell;
import org.apache.hadoop.hbase.CellUtil;
import org.apache.hadoop.hbase.HBaseConfiguration;
import org.apache.hadoop.hbase.TableName;
import org.apache.hadoop.hbase.client.Connection;
import org.apache.hadoop.hbase.client.ConnectionFactory;
import org.apache.hadoop.hbase.client.Get;
import org.apache.hadoop.hbase.client.Result;
```

```
import org.apache.hadoop.hbase.client.Table;

public class GetDataAPI {

    public static void main(String[] args) throws IOException {

        Configuration conf = HBaseConfiguration.create();
        conf.set("hbase.master", "master:16000");
        conf.set("hbase.rootdir", "hdfs://master:8020/hbase");
        conf.set("hbase.zookeeper.quorum", "master,slave2,slave3");
        conf.set("hbase.zookeeper.property.clientPort", "2181");
        Connection conn = ConnectionFactory.createConnection(conf);
        TableName tableName = TableName.valueOf("courseGrade");
        Table table = conn.getTable(tableName);
        Get get = new Get("1".getBytes());
        get.setMaxVersions();
        Result result = table.get(get);
        for (Cell cell : result.rawCells()) {
            System.out.println(new String(CellUtil.cloneRow(cell)) + ":" + new String(CellUtil.
cloneFamily(cell)) + ":"
                    + new String(CellUtil.cloneQualifier(cell)) + ":" + new String(CellUtil.
cloneValue(cell)));
        }
    }

}
```

结果如图 8-6 所示。

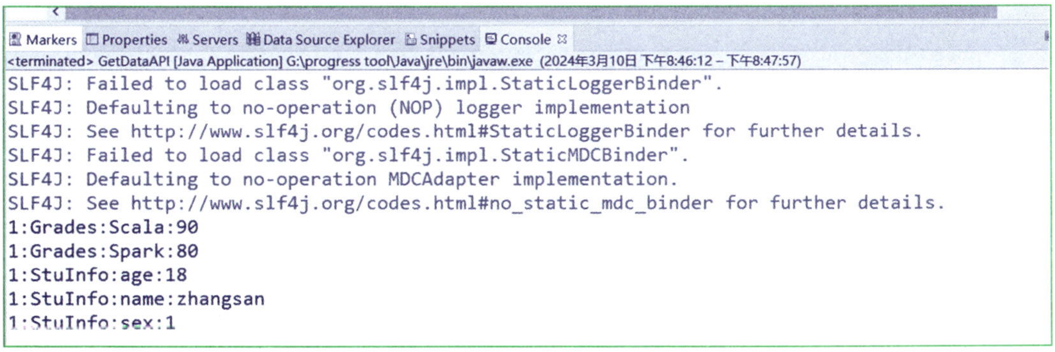

图 8-6 学号为 1 的学生的信息

8.2 商品订单表设计

本实战通过 Python 脚本生成数据，将数据上传至 HDFS 文件系统，然后分别使用 BlukLoad 将数据加载至 HBase 表，以及 HBase 的 java API 方式将数据写入 HBase 表。商品订单表每行记录包括 Row Key、姓名、年龄、性别、商品 ID、商品价格、门店 ID、购物行为类型、电话号码、商品购买日期共 10 个字段。针对 Row Key 设计采用三位随机数字加时间戳方式生成，避免热点问题。

8.2.1 生成商品订单表数据

步骤 1：生成电商订单数据。这里通过 Python 脚本生成数据，代码如下：

```
# -*- coding:UTF-8 -*-
import random
import string
import sys
import time
# 大小写字母
alphabet_upper_list = string.ascii_uppercase
alphabet_lower_list = string.ascii_lowercase
# 随机生成指定位数的字符串
def get_random(instr, length):
    res = random.sample(instr, length)
    result = ''.join(res)
    return result
# 放置生成的并且不存在的 Row Key
Row Key_tmp_list = []
# 制作 Row Key
def get_random_ rowkey():
    import time
    pre_ rowkey = ""
    while True:
        # 获取 00~99 的两位数字，包含 00 与 99
        num = random.randint(00, 999)
        # 获取当前 10 位的时间戳
        timestamp = int(time.time())
        # str(num).zfill(2) 为字符串不满足 3 位，自动将该字符串补 0
        pre_rowkey = str(num).zfill(3) + str(timestamp)
        if pre_rowkey not in rowkey_tmp_list:
            rowkey_tmp_list.append(pre_rowkey)
```

```
                break
        return pre_rowkey
# 创建用户名
def get_random_name(length):
        name = string.capwords(get_random(alphabet_lower_list, length))
        return name
# 获取年龄
def get_random_age():
        return str(random.randint(12, 70))
# 获取性别
def get_random_sex():
        return random.choice(["F", "M"])
# 获取商品 ID
def get_random_goods_no():
        goods_no_list = ["150902", "250031", "870012", "550012", "532120","230121","250983",
"480071", "570016", "680013", "252121","850121"]
        return random.choice(goods_no_list)
# 获取商品价格（浮点型）
def get_random_goods_price():
        # 随机生成商品价格的整数位，1~999 的三位数字，包含 1 与 999
        price_int = random.randint(1, 999)
        # 随机生成商品价格的小数位，1~99 的两位数字，包含 1 与 99
        price_decimal = random.randint(1, 99)
        goods_price = str(price_int) +"." + str(price_decimal)
        return goods_price
# 获取门店 ID
def get_random_store_id():
        store_id_list = ["815012", "393013", "583014", "613015", "313016","313084","743018",
"563019", "293020", "833021", "413022","213023"]
        return random.choice(store_id_list)
# 获取购物行为类型
def get_random_goods_type():
        goods_type_list = ["pv", "buy", "exit", "uv","scan"]
        return random.choice(goods_type_list)
# 获取电话号码
def get_random_tel():
        pre_list = ["130", "131", "132", "133", "134", "135", "136", "137", "138", "139", "147", "150",
                    "151", "152", "153", "155", "156", "157", "158", "159", "186", "187", "188"]
        return random.choice(pre_list) + ''.join(random.sample('0123456789', 8))
# 获取商品购买日期（统计最近 7 天数据）
```

```
def get_random_buy_time():
    buy_time_list = ["2024-08-01", "2024-08-02", "2024-08-03", "2024-08-04", "2024-08-05",
"2024-08-06", "2024-08-07"]
    return random.choice(buy_time_list)
# 生成一条数据
def get_random_record():
    return get_random_rowkey () + "," + get_random_name(
        5) + "," + get_random_age() + "," + get_random_sex() + "," + get_random_goods_no() +
","+get_random_goods_price()+ "," +get_random_store_id()+ "," +get_random_goods_type() + ","+
get_random_tel()+ "," +get_random_buy_time()
# 获取随机整数用于休眠
def get_random_sleep_time():
    return random.randint(5, 10)
# 将记录写到文本中
def write_record_to_file():
    # 覆盖文件内容，重新写入
    f = open(sys.argv[1], 'w')
    i = 0
    while i < int(sys.argv[2]):
        record = get_random_record()
        f.write(record)
        # 换行写入
        f.write('\n')
        i += 1
    f.close()
if __name__ == "__main__":
    write_record_to_file()
```

步骤 2：将 Python 脚本上传到集群系统 /opt 目录下，通过 Pyhon 命名执行，代码如下：

```
python /opt/data.py /opt/datas/goods.log 1000
```

其中，/opt/data.py 为脚本，/opt/datas/goods.log 为产生的文件，1000 为 goods.log 产生的文本记录数。

步骤 3：将产生的 goods.log 分别传输到本地文件 E:\\data 目录下，以及上传至 HDFS 文件系统，代码如下：

```
Hdfs dfs -put goods.log /hbase/input
```

步骤 4：通过 HBase Shell 创建表 goods，代码如下：

```
hbase:001:0> create 'goods','info'
Created table goods
Took 3.7782 seconds
=> Hbase::Table - goods
hbase:002:0>
```

8.2.2 Java API 方式写入 HBase

步骤 1：新建 Maven 工程，新建 PutGoods 类，在 PutGoods 中设置字符数组形式，将 Row Key 之外的字段表示为“列族：列名”的形式。通过 BufferedReader 对象读取文件的每一行数据，调用 Put 对象，将读取的字段依次放入 HBase 表。代码如下：

```
import java.io.BufferedReader;
import java.io.FileInputStream;
import java.io.IOException;
import java.io.InputStreamReader;
import org.apache.hadoop.conf.Configuration;
import org.apache.hadoop.hbase.HBaseConfiguration;
import org.apache.hadoop.hbase.TableName;
import org.apache.hadoop.hbase.client.Connection;
import org.apache.hadoop.hbase.client.ConnectionFactory;
import org.apache.hadoop.hbase.client.Put;
import org.apache.hadoop.hbase.client.Table;
public class PutGoods {
    public static void main(String[] args) throws IOException {
        // 建立与 HBase 的连接
        Configuration conf = HBaseConfiguration.create();
        conf.set("hbase.master", "master:16000");
        conf.set("hbase.rootdir", "hdfs://master:8020/hbase");
        conf.set("hbase.zookeeper.quorum", "slave1,slave2,slave3");
        conf.set("hbase.zookeeper.property.clientPort", "2181");
        Connection conn = ConnectionFactory.createConnection(conf);
        TableName tableName = TableName.valueOf("goods");
        Table table = conn.getTable(tableName);
        // 设置 Row Key 之外的字段写入的列族：列名
        String[] cols = new String[] {
                "info:name",
                "info:age",
                "info:sex",
```

```
                "info:goods_id",
                "info:goods_price",
                "info:store_id",
                "info:goods_type",
                "info:tel",
                "info:buy_time"
        };
        // 读取文件数据
        String fileName = "E:\\data\\goods.log";
        BufferedReader br = new BufferedReader(new InputStreamReader(new FileInputStream(fileName)));
        String line;
        Put put;
        while((line=br.readLine())!=null) {
            String[] ls = line.split(",");
            put = new Put(ls[0].getBytes());
            for(int i=1;i<ls.length;i++) {
                if(ls[i]!="") {
                    put.addColumn(cols[i-1].split(":")[0].getBytes(),
                            cols[i-1].split(":")[1].getBytes(), ls[i].getBytes());
                }
            }
            table.put(put);
        }
        table.close();
        conn.close();
    }
}
```

步骤 2：通过 HBase Shell 计算 goods 的行数。统计发现 Python 脚本生成的 1000 条记录全部加载至 HBase 表。代码如下：

```
hbase:005:0> count 'goods'
Current count: 1000, row: 9991714394607
1000 row(s)
Took 2.1894 seconds
=> 1000
hbase:006:0>
```

8.2.3 BulkLoadMR 方式写入 HBase

步骤 1：清空 HBase 表中原有的 goods 表数据并查看表内容，代码如下：

```
hbase:006:0> truncate 'goods'
Truncating 'goods' table (it may take a while):
Disabling table...
Truncating table...
Took 2.4671 seconds
hbase:007:0> scan 'goods'
ROW                                   COLUMN+CELL
0 row(s)
Took 3.1654 seconds
hbase:008:0>
```

步骤 2：新建 Maven 工程，新建 BulkLoadMR 类，在 BulkLoadMR 类中编写静态类 createHFile 类。createHFile 类继承了 Mapper，读取 HDFS 数据，将结果载入 Put 对象，并通过 write 函数写入 context。代码如下：

```
package cn.kmyz.week09;
import org.apache.hadoop.conf.Configuration;
import org.apache.hadoop.conf.Configured;
import org.apache.hadoop.fs.Path;
import org.apache.hadoop.hbase.TableName;
import org.apache.hadoop.hbase.client.*;
import org.apache.hadoop.hbase.io.ImmutableBytesWritable;
import org.apache.hadoop.hbase.mapreduce.HFileOutputFormat2;
import org.apache.hadoop.io.LongWritable;
import org.apache.hadoop.io.Text;
import org.apache.hadoop.mapreduce.Job;
import org.apache.hadoop.mapreduce.Mapper;
import org.apache.hadoop.mapreduce.lib.input.TextInputFormat;
import org.apache.hadoop.util.Tool;
import org.apache.hadoop.util.ToolRunner;

import java.io.IOException;

public class BulkLoadMR extends Configured implements Tool {

    // 编写将 hdfs 数据转换成 HFile 文件的代码
    public static class createHFile extends Mapper<LongWritable, Text,ImmutableBytesWritable,
```

```
Put>{

        @Override
        protected void map(LongWritable key, Text value, Context context) throws IOException,
InterruptedException {
            String data = value.toString();
            String[] split = data.split(",");
            String Row Key = split[0];
            String name = split[1];
            String age = split[2];
            String sex=split[3];
            String goods_id=split[4];
            String goods_price=split[5];
            String store_id=split[6];
            String goods_type=split[7];
            String tel=split[8];
            String buy_time=split[9];
            // 封装 put
            Put put = new Put(rowkey.getBytes());
            put.addColumn("info".getBytes(),"name".getBytes(),name.getBytes());
            put.addColumn("info".getBytes(),"age".getBytes(),age.getBytes());
            put.addColumn("info".getBytes(),"sex".getBytes(),sex.getBytes());
            put.addColumn("info".getBytes(),"goods_id".getBytes(),goods_id.getBytes());
            put.addColumn("info".getBytes(),"goods_price".getBytes(),goods_price.getBytes());
            put.addColumn("info".getBytes(),"store_id".getBytes(),store_id.getBytes());
            put.addColumn("info".getBytes(),"goods_type".getBytes(),goods_type.getBytes());
            put.addColumn("info".getBytes(),"tel".getBytes(),tel.getBytes());
            put.addColumn("info".getBytes(),"buy_time".getBytes(),buy_time.getBytes());
            context.write(new ImmutableBytesWritable(Row Key.getBytes()),put);
        }
    }

    @Override
    public int run(String[] args) throws Exception {
        Configuration conf = new Configuration();
        conf.set("hbase.zookeeper.quorum", "master:2181,slave1:2181,slave2:2181");
        Connection connection = ConnectionFactory.createConnection(conf);
        TableName tableName = TableName.valueOf("goods");
        Table user2 = connection.getTable(tableName);
        RegionLocator user2RegionLocator = connection.getRegionLocator(tableName);
```

```
        // 创建 job 实例对象
        Job job = Job.getInstance(conf,"BulkLoad");
        job.setInputFormatClass(TextInputFormat.class);
        TextInputFormat.addInputPath(job,new Path("hdfs://master:8020/hbase/input/goods.log"));

        job.setJarByClass(BulkLoadMR.class);
        job.setMapperClass(createHFile.class);
        job.setMapOutputKeyClass(ImmutableBytesWritable.class);
        job.setMapOutputValueClass(Put.class);

        job.setOutputFormatClass(HFileOutputFormat2.class);
        HFileOutputFormat2.configureIncrementalLoad(job,user2,user2RegionLocator);
        HFileOutputFormat2.setOutputPath(job,new Path("hdfs://master:8020/hbase/output"));
        boolean b = job.waitForCompletion(true);
        return b?0:1;

    }
    public static void main(String[] args) throws Exception{
        ToolRunner.run(new BulkLoadMR(),args);
    }

}
```

步骤 3：将代码打成 jar 包，然后上传到服务器上执行。

```
yarn    jar hbase_mr-1.0-SNAPSHOT.jar cn.kmyz.week09.BulkLoadMR
```

执行后，查看 HDFS 文件的存储位置，代码如下：

```
[root@master datas]# hdfs dfs -ls /hbase/output
Found 2 items
-rw-r--r--    3 root supergroup              0 2024-04-29 21:30 /hbase/output/_SUCCESS
drwxr-xr-x    - root supergroup              0 2024-04-29 21:30 /hbase/output/info
```

步骤 4：采用 HBase 中 LoadIncrementalHFiles 的 .doBulkLoad 方法将产生的 HFile 文件入库，代码如下：

```
package cn.kmyz.week09;
import org.apache.hadoop.conf.Configuration;
import org.apache.hadoop.fs.Path;
import org.apache.hadoop.hbase.HBaseConfiguration;
```

```
import org.apache.hadoop.hbase.TableName;
import org.apache.hadoop.hbase.client.Admin;
import org.apache.hadoop.hbase.client.Connection;
import org.apache.hadoop.hbase.client.ConnectionFactory;
import org.apache.hadoop.hbase.client.Table;
import org.apache.hadoop.hbase.mapreduce.LoadIncrementalHFiles;
public class LoadData {
    public static void main(String[] args) throws Exception {
        Configuration configuration = HBaseConfiguration.create();
        configuration.set("hbase.zookeeper.quorum", "master,slave1,slave2");
      configuration.set("hbase.bulkload.retries.number", "0");
        // 获取数据库连接
        Connection connection =   ConnectionFactory.createConnection(configuration);
        // 获取表的管理器对象
        Admin admin = connection.getAdmin();
        // 获取 table 对象
        TableName tableName = TableName.valueOf("goods");
        Table table = connection.getTable(tableName);
        // 构建 LoadIncrementalHFiles 加载 HFile 文件
        LoadIncrementalHFiles load = new LoadIncrementalHFiles(configuration);
        load.doBulkLoad(new Path("hdfs://master:8020/hbase/input"), admin,table,connection.
getRegionLocator(tableName));

    }
}
```

将代码打成 jar 包，上传至集群运行，通过 yarn 调度执行提交任务。

```
yarn   jar hbase_mr-1.0-SNAPSHOT.jar cn.kmyz.week09.LoadData
```

步骤 5：通过 HBase Shell 计算 goods 的行数。统计发现 Python 脚本生成的 1000 条记录全部加载至 HBase 表。代码如下：

```
hbase:009:0> count 'goods'
Current count: 1000, row: 9991714394607
1000 row(s)
Took 0.7580 seconds
=> 1000
hbase:010:0>
```

单元小结

HBase是NoSQL数据库的代表，MySQL是关系型数据库的代表，将MySQL中的数据导入HBase具有重要意义。可以利用HBase的分布式特性来处理大规模数据，满足人们日益增长的数据存储和处理需求；还可以显著提升系统的并发处理能力和响应速度，在提供更好的用户体验的基础上，便于用户利用这些框架进行数据分析、机器学习和其他大数据应用。

练习题

1. 实验名称

将MySQL数据导入HBase。

2. 实验目的

（1）掌握使用Java API操作MySQL数据库的方法。

（2）掌握使用Java API操作HBase的方法。

3. 实验内容

将MySQL数据库中的学生信息表studentinfo、课程信息表courseinfo和成绩表gradeinfo的数据聚合到HBase中，将studentinfo表映射到HBase的StuInfo列族，将gradeinfo表和courseinfo表映射到Grades列族。

（1）MySQL数据库到HBase表的设计。

（2）实现MySQL数据库数据读取。

（3）HBase表的创建。

（4）HBase表连接以及数据查询。

4. 实验步骤

参考本单元8.1的内容。

参考文献

[1] 林徐，陈恒，孙帅，等. HBase分布式存储系统应用[M]. 2版. 北京：中国水利水电出版社，2022.

[2] 陈建平，陈岸青，李金湖. 分布式数据库HBase案例教程[M]. 北京：清华大学出版社，2022.

[3] 杨俊，蒋寅，杨绿科. Hadoop大数据技术基础与应用[M]. 北京：机械工业出版社，2022.

[4] 张军，张良均. Hadoop大数据开发基础[M]. 2版. 北京：人民邮电出版社，2021.